"十四五"职业教育国家规划教材

高等职业院校数字媒体·艺术设计精品课程系列教材

U0290463

UI界面设计

（第3版）

张小玲　彭　赟/主　编

杨桂宇　李　欣　陶薇薇/副主编

电子工业出版社·

Publishing House of Electronics Industry

北京·BEIJING

内 容 简 介

本书从用户研究、交互设计入手，到视觉设计理念的分析，再结合实例对 UI 界面设计全过程进行剖析、归纳和演绎，将"理论知识""软件技术"与"艺术设计""美育思政"各项元素充分融合，是一本全面的 UI 界面设计与制作的基础教程。本书结构合理、内容翔实、图文并茂，结合 Photoshop、Illustrator 软件中常用的工具和方法，有针对性地剖析 UI 界面设计设计与制作的实施策略与过程，精选了图标设计、手机主题界面设计、App 界面设计、网页界面设计、智能电视界面设计、其他类型人机界面设计等典型 UI 界面设计项目，将艺术设计与软件操作技巧融入其中，引导学生进行思考及操作实践，提升学生的审美、审艺能力。

本书适合作为高等职业院校计算机数字媒体/艺术类相关专业的教材，也可供平面设计人员、美工和对 UI 设计感兴趣的读者阅读和参考。为了方便教与学，本书提供全套教学资料（案例操作视频、教纲、考纲、学时安排、课件集、教案、拓展资源等），请扫描书中二维码或登录华信教育资源网（http://www.hxedu.com.cn）免费注册后下载。

图书在版编目（CIP）数据

UI 界面设计 / 张小玲，彭赟主编. —3 版. —北京：电子工业出版社，2022.1
ISBN 978-7-121-42272-0

Ⅰ．①U…　Ⅱ．①张…　②彭…　Ⅲ．①人机界面－程序设计－高等学校－教材　Ⅳ．①TP311.1

中国版本图书馆 CIP 数据核字（2021）第 220869 号

责任编辑：左　雅
印　　刷：三河市鑫金马印装有限公司
装　　订：三河市鑫金马印装有限公司
出版发行：电子工业出版社
　　　　　北京市海淀区万寿路 173 信箱　邮编　100036
开　　本：787×1 092　1/16　印张：15　字数：384 千字
版　　次：2014 年 9 月第 1 版
　　　　　2022 年 1 月第 3 版
印　　次：2023 年 8 月第 8 次印刷
定　　价：49.00 元

凡所购买电子工业出版社图书有缺损问题，请向购买书店调换。若书店售缺，请与本社发行部联系，联系及邮购电话：（010）88254888，88258888。

质量投诉请发邮件至 zlts@phei.com.cn，盗版侵权举报请发邮件至 dbqq@phei.com.cn。

本书咨询联系方式：（010）88254580，zuoya@phei.com.cn。

如今，融媒体、多终端的发展，使得 UI 界面设计行业备受关注。UI 设计师是目前中国信息产业中最为抢手的人才之一，他们进行的工作集科学性与艺术性于一身。

本书贯彻落实党的二十大对教材工作提出的新要求，全面贯彻党的教育方针，落实立德树人根本任务，深挖课程中的思政元素，从显性与隐性层面，确保教材发挥铸魂育人实效。同时，本书以应用型人才培养为主要目标，紧密结合行业动态及发展趋势，遵循职业教育特点进行内容设计，着力于培养高素质劳动者和技术技能人才。本书经过多年教学实践经验编写而成，贴合移动互联时代的发展，实践项目类型丰富，知识更新及时，能更好满足教学所需。本书基于"产教融合"和"技艺融合"的教学理念,突出职业技能实际训练，强化岗位技艺综合能力。

在艺术方面，将美学、设计方法、色彩搭配等艺术设计知识融入每个项目中，引导学生进行思考及操作实践，提升学生的审美、审艺能力。在技术方面，以 Photoshop 为主，做界面综合处理，优化色彩，丰富质感；辅以 Illustrator 做界面图标、创意图形等矢量图形处理。书中充分体现理论够用、加强实践的高职教学理念，从用户研究、交互设计入手，到灌输视觉设计理念，再结合实例对 UI 界面设计全过程进行剖析、归纳和演绎，将"理论知识""软件技术"与"艺术设计""美育思政"各项元素充分融合。

本书采用"基于工作过程导向"的项目任务驱动法编写，充分结合新知识、新技术及行业新标准，突出职业技能实际训练，强化岗位技艺综合能力，凸显了职业特色，旨在培养理论与实操结合、符合市场用工需求的全方位综合型互联网人才。精选了图标设计、手机主题界面设计、App 界面设计、网页界面设计、智能电视界面设计、其他类型人机界面设计等典型 UI 界面设计项目。本书具有以下特点。

（1）案例经典，呈现形式符合认知规律。全书融入行业严谨规范、优秀传统文化，用案例，以小见大、图文并茂，在介绍理论知识之后，本书设计了案例学习和典型实战，由简单到复杂、逐步递进地讲述 UI 设计经典案例，在案例教学中深入对理论知识的学习理解，透视 UI 设计整个流程及技巧。

（2）技艺融合，突出职业性，强化综合适应能力的培养。本书将 Photoshop、Illustrator 软件设计制作技术、艺术设计能力和产品策划、用户体验融合在一起，采用任务驱动的教学模式，按照项目任务工作流程构建教学体系，利于学生构建自身技艺融合的经验体系。在任务之后，设计了知识拓展与能力拓展模块，保证知识的拓展性和丰富性，同时培养学生对知识的综合运用能力和行业意识。

（3）产教结合，结合企业实际项目编写，突出实用性、实践性。编写过程中，结合部分实际商业项目，保证项目的实用、实践性强。

（4）采用"基于工作过程导向"的项目任务驱动法编写，充分结合新知识、新技术及行业新标准，突出职业技能实际训练，强化岗位技艺综合能力，凸显了职业特色。

（5）为了方便教与学，本书提供全套教学资料（案例操作视频、教纲、考纲、学时安排、课件集、教案、拓展资源等），请扫描书中二维码或登录华信教育资源网（http://www.hxedu.com.cn）免费注册后下载。

重庆工程学院张小玲、彭赟任主编，杨桂宇、李欣欣、陶薇薇任副主编。张小玲负责全书的架构设计、部分章节的编写及全书审稿；彭赟负责部分章节的编写、统稿及部分教材资源的开发；杨桂宇、李欣欣、陶薇薇参与了部分章节的编写。本书的编写得到了重庆工程学院全体教师的大力支持和帮助，也得到了许多学生的支持，在此感谢他们对本书形成过程中提供的各种贡献。

由于编者水平有限，书中难免会有疏漏和不足之处，敬请大家批评指正，以期共同进步。

编　者

目录

第一部分 知识准备

第1章 UI 设计相关知识

第2章 UI 设计的常用方法

第 3 章　UI 设计的配色方法

第 4 章　UI 设计的常用工具

第二部分　牛刀小试

第 5 章　UI 界面常用壁纸与控件制作

第 6 章　图标设计

第三部分　UI 界面设计典型实战

第 7 章　手机主题界面设计

第 8 章　App 界面设计

第 9 章　网页界面设计

第 10 章　智能电视界面设计

第 11 章　其他类型人机界面设计

第一部分
知识准备

第1章 UI设计相关知识

1.1 UI设计概述

1.1.1 UI设计的概念

　　UI 即 User Interface（用户界面）的简称。UI 设计则指对软件的人机交互、操作逻辑、界面美观的整体设计。好的 UI 设计不仅能让软件变得有个性、有品位，还能让软件的操作变得舒适、简单、自由，充分体现软件的定位和特点。UI 设计可以理解为协调用户与界面之间关系的设计，包括交互设计、用户研究、界面设计三部分。

　　一个友好美观的界面会给人带来舒适的视觉享受，拉近人与计算机或手机等设备的距离，为商家创造卖点。UI 设计不是单纯的美术绘画，它需要定位使用者、使用环境、使用方式，并且为最终用户而设计，是纯粹的、科学性的艺术设计。检验一个界面的标准既不是某个项目开发组领导的意见，也不是项目成员投票的结果，而是最终用户的感受。所以 UI 设计要和用户研究紧密结合，是一个不断为最终用户设计满意视觉效果的过程。

　　UI 设计是人与机器之间传递和交换信息的媒介，是计算机科学与心理学、设计艺术学、认知科学和人机工程学的交叉研究领域。界面包括硬件界面和软件界面，具体包括软件启动封面设计、软件框架设计、按钮设计、面板设计、菜单设计、便签设计、图标设计、滚动条及状态栏设计、安装过程设计、包装及商品化设计等。

用户界面是一个人机交互系统，它包括硬件（物理层面）和软件（逻辑层面）两方面。一般来说，人机交互工程的目标是打造一个让用户操作简单、便捷的界面。也就是说，UI 指的不是简单的用户和界面，还包括用户和界面的交互。那么作为 UI 设计师，要做的就不只是设计出美观的界面，还要设计出让用户用起来舒服、操作简单的界面。UI 无处不在，无论是 PC 端，还是移动端设备，无不充斥着各种用户界面。

人机交互图形化用户界面设计，即 GUI（Graphical User Interface），准确来说 GUI 就是屏幕产品的视觉体验和互动操作部分。GUI 是一种结合计算机科学、美学、心理学、行为学，以及各商业领域需求分析的人机系统工程，强调人—机—环境三者作为一个系统进行总体设计。GUI 的应用领域主要有手机通信移动产品、计算机操作平台、软件产品、PDA 产品、数码产品、车载系统产品、智能家电产品、游戏产品、产品的在线推广等。

1.1.2　UI设计的流程

UI 设计包括交互设计、用户研究、界面设计三部分。基于这三部分的 UI 设计流程是从产品立项开始的，UI 设计师应根据流程规范，参与需求阶段、分析设计阶段、调研验证阶段、方案改进阶段、用户验证反馈阶段等环节，履行相应的岗位职责。UI 设计师应全面负责以用户体验为中心的产品 UI 设计，并根据客户（市场）要求不断提升产品可用性。UI 设计的基本流程如图 1-1 所示。

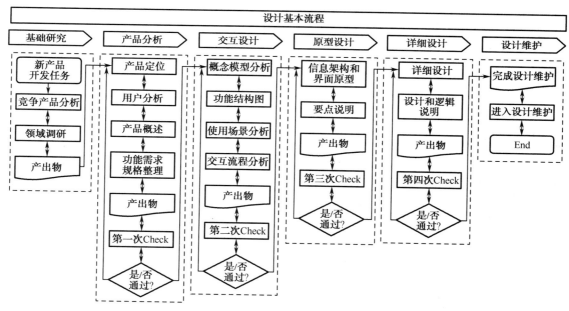

图 1-1　UI 设计基本流程

1. 基础研究

（1）竞争产品分析：在设计一个产品之前我们应该明确供什么人使用（用户的年龄、性别、爱好、收入、教育程度等），在什么地方使用（PC/智能手机/平板电脑）。上面的任何一个元素改变了，结果都会发生相应的改变。

寻找市场上的竞争产品，挑选 3～5 款进行解剖分析。整理竞争产品的功能规格，并分析规格代表的需求，以及需求背后的用户和用户目标；分析竞争产品的功能结构和交互设计，从产品设计的角度解释其优点、缺点及其原因，作为我们产品设计的第一手参考资料。同类产品比我们提前问世，我们要比它做得更好才有存在的价值。但是单纯地从界面美学考虑哪个好、哪个不好是没有一个很客观的评价标准的，我们只能说哪个更适合，更适合最终用户的就是最好的。

彻底理解如何进行市场调研，了解竞争对手、差异性及机会，这对设计师来说非常重要。

（2）领域调研：结合上述分析基础和资料，纵观领域竞争格局、市场状况，利用网络论坛、关键字搜索等手段获得更多用户反馈、观点、前瞻性需求。

（3）产出物：相应的对比分析文档和领域调研报告。

2．产品分析

通过分析上面的调研报告，然后进入产品分析阶段，分析自身最突出的功能是什么，和同类产品比较的优势是什么，确定做哪些业务，确定的业务功能又将如何展现等。这个阶段要做的事情如下。

（1）产品定位：从软件提供者的角度分析产品推出的意义和需重点关注的方面，实际考量、丰满决策层的思想，明确列出产品定位，通过讨论修缮取得决策层的认可。

（2）用户分析：结合竞争产品的分析资料，采用定性分析的方法，获得对产品目标用户在概念层面的认识。

（3）产品概述：以软件提供的身份，以最简短的文字，向用户介绍产品，突出产品对用户的价值。避免功能点的简单罗列，而应该在归纳总结的基础上突出重点。

（4）功能需求规格整理：在归纳关键功能的基础上，结合竞争产品规格整理的领域认识，从逻辑上梳理需求规格列表，重在逻辑关系清楚、组织和层级关系清晰，划定项目（设计和研发）范围。

（5）产出物：用户分析文档和产品概述、功能规格列表。

3．交互设计（功能结构和交互流程设计）

（1）概念模型分析：从产品功能逻辑入手，结合对常见软件的经验积累和竞争产品的认识，加上对用户的理解，为产品设计一个尽量接近用户对产品运行方式理解的概念模型，成为产品设计的基础框架。

（2）功能结构图：在产品概念模型的基础上丰富交互组件，并理顺交互组件之间的结构关系。

（3）使用场景分析：模拟典型用户执行关键功能达到其目标的使用场景。

（4）交互流程分析：模拟在上述概念模型和功能结构决定的产品框架之中，支持使用场景的关键操作过程，如点击链接的步骤和导向性指示。

（5）产出物：产品设计文档的交互设计部分。

4．原型设计（信息架构和界面原型设计）

（1）信息架构和界面原型设计：设计产品界面中应该包含的控件数量和类型、控件之间的逻辑和组织关系，以支持用户对控件或控件组所代表的功能的理解、对用户操作的明确引导。将所有界面设计成一套完整的可模拟的产品原型。

（2）要点说明：对界面设计的重点添加说明，帮助浏览者对设计的理解。

（3）产出物：产品设计文档的原型设计部分。

5．详细设计

（1）详细设计：完善设计细节、交互文本和信息设计（Message Box）。

（2）设计和逻辑说明：对界面控件/控件组/窗口的属性和行为进行标准化定义，梳理完整的交互逻辑，用状态迁移图或伪代码形式表示。

（3）产出物：产品设计文档的详细设计部分。

6．设计维护（研发跟踪和设计维护）

改正以后的方案，我们可以将它推向市场，但是设计并没有结束，我们还需要收集用户反馈，零距离接触最终用户，看看用户真正使用时的感想，为以后的升级版本积累经验资料。

（1）语言文档整理：设计通过评审之后，把产品中所有的交互文本整理成 Excel 文档，预备研发工作。

（2）研发跟踪维护：进入研发阶段后负责为研发工程师解释设计方案、问题修改、文档完善、Bug 跟踪等。

（3）产出物：产品语言文档，设计调整维护。

1.1.3　UI设计的规范

1．认识 UI 设计的规范

一个产品应提供一项核心功能或服务，在进行 UI 设计、交互设计、内容排版时也应围绕这个目标来进行。在团队合作中，UI 设计的规范尤为重要，为了使最终设计出来的界面风格一致，开发者之间相互协作更轻松，通常要先制定界面设计规范。

UI 设计的规范贯穿以用户为中心的设计指导方向，根据产品的特点而制定，以达到提升用户体验、控制产品设计质量、提高设计效率的目的。UI 设计规范适合界面设计师、用户体验设计师、前端开发技术工程师、发布支持人员、运营编辑人员参照。

UI 设计规范可以统一识别，使同一类型设计部件具有统一性，防止混乱，甚至出现严重错误，避免用户在浏览时理解困难；相同属性单元、模块可执行此标准重复使用，减少无关信息，就是减少对主体信息传达的干扰，利于阅读与信息传递；视觉设计师交接时，可以减少沟通成本，在项目中途增加人手时，查看规范能使工作上手速度更快，减少出错。

2．UI 设计视觉规范的构成

制定视觉规范前，我们先要确定其构成要素有哪些，再着手建立。可以从以下几个方面来梳理。

（1）UI 设计总体规范。

● 界面的整体尺寸。如网站、App 开发设计的分辨率，一般会从典型界面入手，从而确定整套界面的尺寸规范。

● 典型内容区的尺寸。如网页的导航、版权、内容模块等的尺寸，App 中图标、控件等的尺寸等。目前市面上常用系统的尺寸规范基本上是固定的。

如表 1-1 所示是几款苹果手机各种尺寸（英寸）详细表及屏幕适配、状态栏高度等合集。

表 1-1　苹果手机尺寸（英寸）详细表

设　　备	逻辑分辨率（point）	物理分辨率（px×px）	屏幕尺寸(英寸)（对角线长度）	倍数	状态栏高度（px）	底部安全距离（px）	导航栏高度（px）	TabBar 高度（px）
iPhone 4/4S	320 × 480	960 × 640	3.5 英寸	@2x	20	-	44	49
iPhone 5	320 × 568	1136 × 640	4.0 英寸	@2x	20	-	44	49
iPhone 6 6S//7/8/	375 × 667	1334 × 750	4.7 英寸	@2x	20	-	44	49
iPhone 6 Plus/6S Plus/7 Plus/8 Plus	414 × 736	2208 × 1242（1920×1080）	5.5 英寸	@3x	20	-	44	49
iPhone X	375 × 812	2436 × 1125	5.8 英寸	@3x	44	34	44	83
Phone XR	414 × 896	1792 × 828	6.1 英寸	@2x	48	34	44	83
iPhone XS	375 × 812	2436 × 1125	5.8 英寸	@3x	44	34	44	83
iPhone XS Max	414 × 896	2688 × 1242	6.5 英寸	@3x	44	34	44	83
iPhone 11	414 × 896	1792 × 828	6.1 英寸	@2x	48	34	44	83
iPhone 11 Pro	375 × 812	2436 × 1125	5.8 英寸	@3x	44	34	44	83
iPhone 11 Pro Max	414 × 896	2688 × 1242	6.5 英寸	@3x	44	34	44	83
iPhone 12 mini	375 × 812	2340 × 1080	5.4 英寸	@3x	44	34	44	83
iPhone 12/iPhone 12 Pro / 13/13 Pro	390 × 844	2532 × 1170	6.1 英寸	@3x	47	34	44	83
iPhone 12 Pro Max/ 13 Pro Max	428 × 926	2778 × 1284	6.7 英寸	@3x	47	34	44	83
iPhone 13 mini	360 × 780	1080 × 2340	5.4 英寸	@3x	50	34	44	83

（2）文本规范。确定典型页面不同区域文字的字体、颜色、字号。

（3）间距边距规范。确定内容元素之间的间距，以及内容元素四周的边距。

（4）按钮规范。确定典型功能按钮的尺寸、样式和按钮内图标、文字的大小和位置，如图 1-2 所示。具体的设置可以根据整个项目界面风格进行规范。

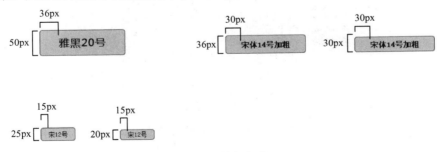

图 1-2　按钮规范

（5）图片规范。确定典型模块的图片尺寸和样式。

（6）其他规范。根据产品具体需求涉及的功能，确定其他可能出现的视觉元素的规范，如弹窗样式与尺寸、侧边栏的样式与尺寸。

1.2 UI设计与用户体验

1.2.1 用户体验的含义

用户体验（User Experience）是一个整体的感知过程，研发序列中的每个环节都可能对其产生影响，所以它不应该仅由设计部门来考虑，更不应该局限在界面层面上。UI 设计属于用户体验的一部分。UED 是 User Experience Design（用户体验设计）的缩写。UED 团队包括交互设计师（Interaction Designer）、视觉设计师（Vision Designer）、用户体验设计师（User Experience Designer）、用户界面设计师（User Interface Design）和前端开发工程师（Web Developer）等。

用户界面是信息交流的平台，产品 UI 设计的信息应能够准确地被用户认知、理解，在用户和设计师之间形成心理上的有关审美意识和产品功能等的信息交流。因而作为时代经济、科技和人文精神的载体——产品，应更加关注用户体验，使得设计的产品简单、易用，让人产生愉快的、有趣的体验。一切不考虑用户体验的产品，都是失败的。

基于用户体验的产品 UI 设计是以用户研究为中心的，从产品使用者的角度出发，设计的对象不仅仅是产品本身，而是整个用户体验的过程，贯穿产品的整个生命周期。设计师需要更多地关注用户、研究用户、理解和尊重不同的文化，通过设计过程来影响产品的体验质量。

1.2.2 影响用户体验的因素

随着互联网产品的不断发展，越来越多的人意识到了用户体验的重要性，越来越多的公司成立了用户体验设计相关的部门，并且职位划分已相当细致。产品策略、用户界面、技术和运营都会对用户体验产生影响，如图 1-3 所示。

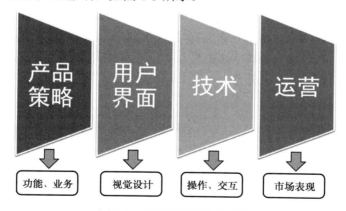

图 1-3 影响用户体验的因素

1. 产品策略

策略是产品的灵魂。产品策略除了决定产品的具体功能和业务，还对体验有重大的影响。不好的策略可能会伤害用户体验。

产品策略的评价指标如下。

（1）功能设置和用户使用产品的目标是否一致？

（2）功能是否简单明了、重点突出？

（3）功能的引导性是否明确？

2．用户界面

影响用户体验的第二个重要因素就是用户界面，用户界面对应的是产品的品牌形象和视觉设计。在技术雷同的时代，唯有界面设计可以拉开产品的层次。在这个层面上，流程、控件、交互、排版、视觉等诸多因素都有可能影响到最终的用户体验。

用户界面的评价指标如下。

（1）界面设计是否明确表达了主题？产品是做美食的还是做医疗的，能不能让人一目了然？

（2）产品的品牌形象、视觉识别系统是否能合理地展现？

（3）界面设计是否新颖、有视觉冲击力？

（4）界面质感和材质运用是否合理？

（5）界面色彩搭配是否和谐得当？

（6）界面设计是否有视觉亮点、兴趣点？

（7）界面设计是否规范？

（8）界面的逻辑层次关系是否清晰？

（9）界面是否有明确的视觉引导性？

3．技术

技术是实现产品的工具，也是产品正常运行的基础。如果技术方面出了问题，同样会对最终的体验产生不良影响，导致产品的操作和交互出现问题。这个因素中具体的表现也很多，如前端页面对各种浏览器的兼容性、代码运行效率、服务稳定性等。

技术的评价指标如下。

（1）产品整体的导航链接是否便捷、正确？跳转是否顺畅？

（2）操作按钮是否明晰？

（3）导航层级关系是否逻辑清晰？

（4）完成界面操作的效率是否高效？

4．运营

正所谓"策划为魂，营销为王"，一个好的产品，在拥有了好的策略、好的界面和先进的技术支撑以后，还需要配合靠谱的运营手段，才能够真正使其拥有好的体验。例如，一个电子商务类产品的运营就要考虑它的价格设置是否符合用户的需求、产品的付款流程是否清晰等因素。

1.3　UI设计常见风格

一整套 UI 作品给人的整体印象往往就是界面风格的体现。大众化的产品，最好还是选择大众接受度较高的风格进行设计。UI 设计的风格多种多样，每种都有鲜明的特征。下面主要讨论一下目前 UI 设计中呈现较多的风格：扁平化、拟物化、卡通化等。

1.3.1 扁平化风格

扁平化设计是指舍弃渐变、阴影、高光等拟物化的视觉效果，从而打造出一种看上去更加平面的界面风格。扁平化的网页设计更适合用于需要同时支持多种屏幕尺寸的响应式设计技术中。扁平化设计风格的逐渐兴起也可以看作是对多年以来过度设计、过度雕琢的界面风格的逆袭。扁平化通常以四种风格出现：常规扁平化、长投影、投影式、渐变式。目前主流的系统及应用的图标设计大都采用了扁平化风格，如图 1-4 所示。

图 1-4　扁平化风格的图标

1. 拒绝特效

扁平化这个概念最核心的地方就是放弃一切装饰效果，如阴影、透视、纹理、渐变等能做出 3D 效果的元素一概不用。所有元素的边界都干净利落，没有任何羽化、渐变或阴影。如今从网页到手机应用无不在使用扁平化的设计风格，尤其在移动端设备，如手机、平板上，因为屏幕的限制，使得这一风格在用户体验上更有优势，更少的按钮和选项使得界面干净整齐，使用起来格外简单。如图 1-5 所示的学习强国用户登录页面采用的就是扁平化布局。

图 1-5　学习强国用户登录页面

2．简单的界面元素

扁平化设计通常采用许多简单的用户界面元素，如按钮、图标之类。设计师们通常坚持使用简单的外形（矩形或圆形），并且尽量突出外形，这些元素一律为直角（极少为圆角）。这些用户界面元素可以方便用户点击，极大地减少用户学习新交互方式的成本，因为用户凭经验就能大概知道每个按钮的作用。

此外，扁平化除简单的形状之外，还包括大胆的配色。但需要注意的是，扁平化设计不是简单地将一些形状和颜色搭配起来就行，它和其他设计风格一样，是由许多的概念与方法组成的。

3．优化排版

由于扁平化设计使用的是特别简单的元素，排版就成了很重要的一环，排版好坏直接影响视觉效果，甚至可能间接影响用户体验。

字体是排版中很重要的一部分，它需要和其他元素相辅相成。在扁平化设计作品中尽量采用简洁的无装饰感的字体，这也可以成为简化设计的有力武器。

4．明亮的色彩

在扁平化设计中，配色是最重要的一环，扁平化设计通常采用比其他风格更明亮、更炫丽的颜色。明亮的色彩能带来一种活力感和趣味性，柔和、细腻的色彩却无法做到这一点。同时，扁平化设计中的配色还意味着更多的色调。例如，其他设计最多只包含两三种主要颜色，但是扁平化设计中会平均使用 6～8 种颜色。而且扁平化设计往往倾向于使用单色调，尤其是纯色，并且不做任何淡化或柔化处理（最受欢迎的颜色是纯色和二次色）。另外，还有一些颜色也很受欢迎，如复古色（浅橙、紫色、绿色、蓝色等）。

5．最简单的交互方案

设计师要尽量简化自己的设计方案，避免不必要的元素出现在设计中。简单的颜色和字体就足够了，如果还想添加点什么，尽量选择简单的图案。扁平化设计尤其对一些做零售的网站帮助巨大，它能很有效地把商品组织起来，以简单但合理方式排列。

6．伪扁平化与长投影

（1）伪扁平化。还有一种趋势值得关注，就是"伪扁平化"，也称"似扁平化"，一些设计师把某一项特效融入整体的扁平化风格之中，使其成为一种独特的效果，如图 1-6 所示为伪扁平化风格图标。例如，在简单的按钮上添加一点点渐变或阴影，可使这种风格成为其特色，产生出一种扁平化设计的变种。这种设计要比单纯的扁平化更具有适用性和灵活性。许多设计师比较喜欢这种设计，因为这意味着他们可以加点阴影或透视在某些元素上。用户可能也会喜欢这种稍微圆滑一点的设计方式，这能引导他们进行一些适当的交互。

（2）长投影。从某种程度上讲，长投影是扁平化设计的拓展或者说下一个阶段。在秉持扁平化设计基本审美的同时，在长投影的帮助下使设计更有深度并保持设计的扁平化。设计师通常通过给图标添加阴影的方式来创立长投影设计，它一般是将一个普通阴影的长度拓展 45°。这样的处理会使图标或标志设计更加具有深度。长投影设计不是一种独立的设计风格，而是扁平化用户界面设计世界的一个新的元素或是纵深发展。如图 1-7 所示为长投影设计风格图标。

图 1-6　伪扁平化风格图标　　　　　　　图 1-7　长投影设计风格图标

　　伴随着长投影设计日益流行，热衷于扁平化用户界面的设计师选择在他们的网页中使用长投影设计作为他们扁平化设计概念的一部分去创建极简并且吸引人的用户界面。长投影设计对上文提到的设计师想着重强调粗体的图标和标志极为理想。通过运用长投影设计，这些图标会更加具有深度，也会更加夺人眼球。

1.3.2　拟物化风格

　　如果说扁平化设计是 2D 的，只有 X 轴、Y 轴、颜色、形状和布局。那么拟物化设计则是有深度的，多出一个 Z 轴，还多出一个纹理和质感，如图 1-8 所示。从字面理解，就是对现实生活中的物品进行模拟再设计，让人有环境感、融入感。这种风格很适合追求环境代入感的产品，如模拟真实翻书页的阅读产品等。

图 1-8　拟物化风格图标

　　目前很多人都认同的理解是：拟物化设计是对真实事物的模仿，因为用户对界面的理解源于对真实世界的经验和认知，所以拟物化设计可以大大降低用户心理接受门槛和学习成本，比在按钮上使用 3D 质感，让用户知道它们可以被点击，甚至产生去"按"的冲动。

　　随着技术的发展，设计师的设计水平越来越高，图标做得越来越精致。多尝试，多练习，多模仿，你也可以创作出精美的图标。

1.3.3　卡通化风格

　　广义上的卡通化风格泛指对所表现的对象不使用写实与传统手法，而运用归纳、夸张、变形等处理的一切实用类视觉作品，如图 1-9 所示。

1.3.4　立体风格

　　在以前，UI 或运营设计中常见的都是二维的处理手法，元素是以平面的方式展示的。

2.5D、3D 效果的加入，使内容更加有纵深感，从而提升了设计的趣味性，尤其是运用在运营设计上会使画面显得更加丰富，如图 1-10 所示。

图 1-9　卡通化风格界面

图 1-10　立体风格图片

1.3.5　几何风格

几何风格主要采用不同颜色的几何图形进行点缀，常用于背景、图标设计，能起到渲染画面氛围的作用。这种设计风格的用色一般鲜亮、大胆，给人视觉上的冲击，如图 1-11 所示。

图 1-11　几何风格图标

1.3.6　渐变风格

渐变风格主要表现在渐变色的使用上。渐变色的运用范围很广，它可以当作背景使用，也可以在图标或按钮上使用，如图 1-12 和图 1-13 所示。

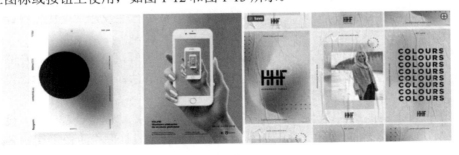
图 1-12　渐变风格背景

图 1-13　渐变风格图标

第2章 UI设计的常用方法

2.1 UI设计中的设计方法

2.1.1 方法与方法论

方法是指在任何一个领域中的行为方式，是用以达到某一目的的手段的总和。

设计方法学是研究产品设计规律、设计程序及设计中思维和工作方法的一门综合性学科。在设计领域我们不妨这样理解：方法是规律的应用，表现为方式、途径、步骤、手段等形式，由构成要素、相互作用、位置顺序、时间长短、程度标准五个部分构成。简单的方法就是简单规律的应用，复杂的方法就是复杂规律的应用或多个简单规律的复杂应用。使用方法就是满足达成某种设计目标所需的条件。

方法论是以方法为研究对象，并形成的独立学科。对于 UI 设计方法的研究可以在不断的学习和工作中总结出适合的方法。所谓"设计方法论"，是指选择"设计方法"的"方法"。

2.1.2 设计方法学

我国传统文化中就蕴含着设计观念和方法，如"天人合一"，指的是天时、地气、材美、工巧，合四为良。

对设计方法的研究可以使设计真正成为可传授、可学习、可沟通的学科，可以培养学生的逻辑化和系统化思考的能力。设计方法学的发展脉络从可行性设计到最优化设计再到系统设计。

设计方法学的关键是针对设计条件的集合，寻找最佳的解决方案。迎合用户的需求和设想是最关键的考量。当然，设计方法学也运用基本的研究方法，如分析和测试。设计方法学的研究内容包括以下几方面。

（1）分析设计过程及各设计阶段的任务，寻求符合科学规律的设计程序。将设计过程分为设计规划（明确设计任务）、方案设计、技术设计和施工设计四个阶段，明确各阶段的主要工作任务和目标，在此基础上建立产品开发的进程模式，探讨产品全生命周期的优化设计及一体化开发策略。

（2）研究解决设计问题的逻辑步骤和应遵循的工作原则。将系统工程的分析、综合、评价、决策的解题步骤贯穿于设计各阶段，使问题逐步深入扩展，多方案求优。

（3）强调产品设计中设计人员创新能力的重要性，分析创新思维规律，研究并促进各种创新方法在设计中的运用。

（4）分析各种现代设计理论和方法，如系统工程、创造工程、价值工程、优化工程、相似工程、人机工程、工业美学等在设计中的应用，实现产品的科学合理设计，提高产品的竞争力。

（5）深入分析各种类型设计，如开发型设计、扩展型设计、变参数设计、反求设计等的特点，以便按规律、有针对性地进行设计。

（6）研究设计信息库的建立。用系统工程的方法编制设计目录——设计信息库。把设计过程中所需的大量信息规律地加以分类、排列、储存，便于设计者查找和调用，便于计算机辅助设计的应用。

（7）研究产品的计算机辅助设计。运用先进理论，建立知识库系统，利用智能化手段使设计自动化逐步实现。

设计方法的分类有优化设计、人机工程设计、可靠性设计、产品数据管理技术、计算机辅助设计、计算机辅助工程、知识工程、降低成本设计技术等。

2.1.3　UI设计中实用的设计方法

1．心智图法（又称思维导图法）

这是一项效率极高的学习方法，它能够将各种点子、想法及它们之间的关联性用图像视觉的景象呈现。它能够将一些核心概念、事物与另一些概念、事物形象地组织起来，输入人们脑内的记忆树图。它允许人们对复杂的概念、信息、数据进行组织加工，以更形象、易懂的形式展现在人们面前。思维导图法是从人的认知和思维特征出发发展出来的工作思维方法。

目前常用的思维导图绘制软件有 Mind Manager、Axure、Mockup 和 Visio 等。

2．情境化设计法

情境化设计法是将设计师置身于具体情境的设计方法，以用户（行为）为中心进行设计，设计的目的是满足用户的需求，达成其目标，并规划其合理的生活方式。但是用户的特征、目标、关注点和设计师的设想未必一致，所以直接接触是了解用户的最有效手段。

情境化设计法通常会用到可用性测试。可用性测试围绕着用户展开，是检验设计成果的重要手段，其基本过程主要有调研、建模、需求定义、框架定义和优化设计方案。

2.2　UI设计中实用的构成方法

2.2.1　什么是构成

构成就是将造型要素按照一定的原则组成具有美好形象和色彩的一种新的形体。

从构成的专业方面讲，它是一种造型概念，是将多种多样的形态或材料用赋予视觉化的力学和精神力学的秩序组合起来。这种造型设计是一种有目的性的过程，其意义就像构筑一个整体的建筑一样，建造出一个整体的美丽的建筑形象。总之，平面构成是在两度空间的画面中，运用各种单位形态的安排，组织它们之间的互相关系，从而造成一个整体的放光的魅力形象。

构成是设计的最初阶段，它与现代设计有机结合，促使设计者从中得到了启发，带来了科学性、逻辑性及艺术性。它虽然不能直接涉及产品，但它的介入可以使产品蒙上艺术的直观效果。在平面设计过程中，过程的投入往往比结果更为重要，因为任何构思都是在构成中提炼，并在过程中完善、成熟的。那种不重视过程，仅靠一时的灵感就可以创造出好作品的做法，不过是极少的偶然现象，是很难进入更深一层的必然王国中去的。

构成不等于设计，因为和设计相比，构成去掉了时代性、地方性、社会性、生产性等诸多方面的活动，因而被称为纯粹的构成，并被广泛地运用到各种设计中。UI 设计也可以将构成的知识、方法有效地利用起来。

设计师在进行 UI 设计时，重点在于开发思维技巧，最大限度地发挥想象力与创造力。这是因为现代科技的发展，使得艺术表现力可借助摄影、计算机处理等方式提高，但设计的超群只能通过设计师构思的奇巧、视觉美感的独特来完成。

构成分为平面构成、色彩构成、立体构成三种形式，被当今设计领域称为三大构成，被广泛应用于诸多现代科技美学设计领域中，并取得了丰硕的成果。

2.2.2 形式美法则

构成理论的出发点在于形式美法则，针对多个对象组合，追求数理逻辑在视觉上的形式美。古语有言"横看成岭侧成峰，远近高低各不同"，卢沟桥的石狮子，乍看相似，细看各具形态，惟妙惟肖，无不体现了数理自然之美。针对单个对象，需强调理性图形自身的形式美。在界面设计中，各种各样的图标或界面版块的设计除了考虑功能使用，也要考虑图形的形式美。

形式美的概念有广义与狭义之分。广义地说，形式美就是作品外在形式所独有的审美特征，因而形式美表现为具体的美的形式。狭义地说，形式美包含两个方面，一是构成作品外在形式的物质材料的自然属性，二是这些物质材料的组合规律。前者如线条、色彩、形、体的构成；后者是美术作品外在形式的物质材料组合规律的审美特性，即美术语言组织构成的形式美。黑格尔说过，"艺术要把这两方面调和成为一种自由的统一的整体"。内容与形式的关系是内容决定形式，形式服从内容，内容与形式并重。

形式美法则主要涉及以下几方面。

1. 变化与统一

变化与统一是形式美的基本规律，是各种艺术门类共同遵循的形式法则。统一和变化通常是同时存在的。变化是各组成部分的区别；统一是这些有变化的各部分经过有机地组织，从整体到得到的多样统一的效果。

变化与统一，就是矛盾的对立统一的辩证规律。只有"统一"而无"多样"，画面显得呆板、单调；只有"多样"而无"统一"，画面便会杂乱无章；既"多样"又"统一"，画面才显得生动多彩而又和谐，给人以形式美的愉悦，使其传达出来的作品内容感人至深。

变化与统一在很多网站、App 中使用频繁，通常用于相似栏目，如图 2-1 所示的爱奇艺 App 电视剧推荐栏目，不同影片采用相同的显示方式，实时更新的是内容，而不是样式，每部影片的显示样式都是矩形剧照、黑底白字、右上角标签等，但在统一中有细微变化，让界面看上去统一、简洁。

在产品设计中，常能看到设计师借助变化与统一打造同类商品，如图 2-2 所示是冰力克糖果的多款包装盒，不同的颜色代表了不同的口味，相同的 VI 元素让人一眼就可看出它们的关系，便于消费者进行挑选。

2. 对称与均衡

在设计作品中，运用对称或均衡的形式美法则，使构图在视觉上产生重量的平衡感，是重要的审美因素；否则，画面不平衡，就会产生一种不舒服的视觉心理，导致构图失去美感。对称是左右或上下两部分形象，在大小、形状、色彩等方面完全一样，在水平或垂直的中轴线两侧，朝相反的方向展开，造成视觉上的均衡感的形式美。这在建筑艺术中，如故宫太和殿、泰姬陵，以及汽车、飞机的造型设计中很常见。在雕刻与绘画中，绝对对称的构图很少见，但相对均衡构图则不少。均衡是美术构图中形象布局不对称，但又能给人以平衡感的形式美。我们可以把画面的中心作为支点，用重量的平衡比拟画面的均衡。在美术作品中，这种重量是视觉形象的重量，并不是形象反映的事物的物理重量，而是依据事物面积的大小、色彩的深浅、姿态的动静、距离支点的远近，在视觉心理上所造成的重量感。这种形象的不同重量感，经过画家合乎形式美法则的组合与布局，可以使画面达到均衡的平衡感。例如，如图 2-3 所示的学习强国 App 启动界面，其画面右上角的论语小字和底部的 Logo 与水滴动画呼应，达到画面的均衡。在 UI 作品中，对称与均衡随处可见，很多网页、App 经常用到，如图 2-4 所示为折 800 App 进入页。

图 2-1　爱奇艺 App 电视剧推荐栏目

图 2-3　学习强国 App 启动界面

图 2-2　冰力克糖果包装

图 2-4　折 800 App 进入页

3．节奏与韵律

在平面构成中，单纯的单元组合重复容易单调，由有规则变化的形象或色群间以数列方式处理排列，使之产生音乐、诗歌的旋律感，称为韵律。有韵律的构成具有积极的生气，有加强魅力的能量。

韵律是艺术语言的节奏在感情统调下的和谐，一般和节奏统称为节奏韵律，或简称节律。美术作品中的节奏韵律，蕴含着情感与生命力；作品中的节奏韵律，若与欣赏者情感活动的节奏韵律相吻合，便使欣赏者获得审美愉悦，产生共鸣。因此，节奏韵律往往是欣赏者产生共鸣的动力。如图 2-5 所示是 iOS 系统 Passbook App 界面上的 6 个标签上下穿插，参差不齐，色块斑斓，在视觉上产生一定的节奏感，彩色图标错落有致形成韵律感。又如吴冠中的《紫藤》，如图 2-6 所示，藤蔓高低与起伏，深浅交叠，蜿蜒盘转。

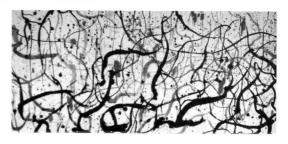

图 2-5　Passbook App 界面

图 2-6　《紫藤》

在大自然及人类社会中，都存在着节奏。日出月没，潮起潮落，风起云涌，山峦起伏，车船行进，生活起居，心跳呼吸等，无不以一定的节奏运动着。对于美术作品来说，节奏是指各种艺术语言的交替、重复、组合、分割，使欣赏者在欣赏过程中，视觉在时间上运动时，感受到的艺术语言与艺术形象的强弱、长短、粗细、起伏、刚柔、高下、大小、曲直等刺激，产生节奏感受。

4．联想与意境

平面构图的画面通过视觉传达而产生联想，达到某种意境。联想是思维的延伸，它由一种事物延伸到另外一种事物上。例如图形的色彩：红色使人激动、紧张，绿色则使人联想到草原、生命。各种视觉形象及其要素都会产生不同的联想与意境，由此而产生的图形的象征意义作为一种视觉语义的表达方法被广泛地运用在平面设计构图中。产品设计的隐喻暗示也是通过联想与意境来引导的一种用户体验。如图 2-7 所示是旅游攻略 App 的引导页，纵向的构图与具有线化感的灰色圆点引导着浏览者不由自主地上下滑动屏幕。

5．对比与调和

对比与调和是指美术作品各部分之间的对比与协调关系，如光的强弱，色的冷暖，线的粗细、长短、曲直，形的大小、方圆，质量的轻重、软硬、刚柔，空间的高低、前后，笔墨笔触的浓淡、干湿、虚实、疏密等。对比是强调各部分的对立性，使各部分的特性、特点更显著、突出；调和则是对对比的限制，使各部分之间趋向统一和协调，加强作品的整体感与完整性，从而加强作品艺术形象的表现力。

这些矛盾着的事物特性，反映着事物矛盾的对立统一，在美术作品中则表现为对比与调和。和谐作为优美的属性之一，使人能在柔和宁静的心境中获得审美享受。如图 2-8 所示是一款常见的相机 App 对于自身功能效果展示的截屏，设计师运用了对比的手法，原图暗淡素颜，美化后亮白夺目，突出了 App 的强大功效。

图 2-7　旅游攻略 App 引导页

图 2-8　相机 App 截屏

6．反复与连续

反复与连续在视觉艺术中，就是同一形象元素变换位置后再出现一次或多次。在界面设计中，统一的视觉规范可以造成节奏与强调感，特别是多页面切换时要注意统一性和局部一致性。

7．适应与照应

照应是界面构图的表现方法之一，是指界面中的元素之间要有一定的联系，可以利用风格、色彩使界面构图达到均衡、和谐、含蓄的画面效果。随着越来越多的互联网产品和设备的出现，界面有了在不同设备中的显示需求，响应式设计推动了界面设计的发展。为了让界面设计更加优秀，就必须考虑到元素的适应性，考虑在多个设备中显示的状态，这将带来更好的视觉享受与用户体验。

2.2.3　构成的思维方式

UI 视觉元素常用的构成形式可以分成秩序构成和非秩序构成，具体如表 2-1 所示。构成形式包含基本形的构成和骨骼的构成。

表 2-1　构成形式

秩 序 构 成	非秩序构成
重复构成	密集构成
近似构成	对比构成
渐变构成	特异构成
发射构成	自由构成

1. 重复构成

重复构成是以一个基本形为单位，按照一定的秩序反复出现多次的排列而形成的构成方式。这种构成方式具有规律的节奏感、秩序美，整体性强，连续效果好，能产生和谐统一的单纯美。通常手机主题的桌面图标就采用重复的方式进行排列，如图 2-9 所示。

● 基本形重复：单位基本形的形状、大小、色彩、肌理等视觉元素都相同。
● 骨骼重复：每一单位的形状、面积均相同称为重复骨骼。可以使骨骼有规律、有节奏的变化，形成多种重复骨骼，避免绝对重复的单调和乏味的感觉，如骨骼的宽窄变化、方向变化、移位变化、反射变化、弯曲变化等。

2. 近似构成

在构成中，骨骼和单位基本形变化不大或相近的形象组合，称为近似构成。

● 基本形近似：主要体现形状上的近似。如去哪儿 App 就是采用近似的矩形作为主界面导航的，如图 2-10 所示。

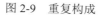

图 2-9　重复构成

图 2-10　近似构成

● 骨骼近似：各骨骼单位在形状与大小上不是重复的，而是有一定变化的，并力求一种近似关系。

3. 渐变构成

在构成中，骨骼和单位基本形渐变的组合，称为渐变构成。

● 基本形渐变方式主要有形状渐变、位置渐变、方向渐变、大小渐变和颜色渐变，如图 2-11 所示。
● 骨骼渐变方式主要有单元渐变、双元渐变、分条渐变和正负渐变。

一般地讲，如果渐变骨骼的骨骼线数量较多，疏密对比较大时，则基本形应尽量简练；如果基本形渐变较复杂，则骨骼渐变宜尽量简练。

4．发射构成

发射构成分为中心式发射和同心式发射，如图 2-12 和图 2-13 所示的 App 导航采用的正是发射构成。

  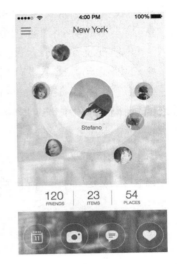

图 2-11　颜色渐变的 App 界面　图 2-12　中心式发射构成 App 导航　图 2-13　同心式发射构成 App 导航

- 中心式发射：包括离心式和向心式发射，即发射点由中心向外或由外向内做集中发射。
- 同心式发射：骨骼线环绕同一发射中心由内向外发射，如同心圆、同心方形和螺旋线。

5．密集构成

密集构成是由基本形集合成视觉焦点，与散布的基本形形成数量上的多与少、形态上的疏与密、感觉上的实与虚的对比效果，产生凝聚、分散、排斥、吸引的节奏感，如图 2-14 所示。用于密集构成的基本形，面积不能太大，数量不能太少。

密集构成的形式有自由密集、向心密集和向线密集。

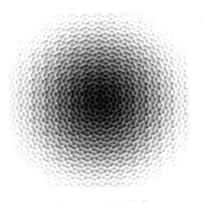

- 自由密集：基本形随意排列，形成密集感。
- 向心密集：基本形向一点聚集或向外扩张，或多点聚集，形成疏密渐变。
- 向线密集：基本形向虚拟的线密集，距线越近越密，越远越疏，形成疏密渐变。

图 2-14　密集构成

6．对比构成

对比构成是由性质相反的形态要素并置而形成的视觉效果强烈、鲜明的排列组合。对比构成是强调差别的一种构成，包括形状对比、大小对比、位置对比、空间对比、方向对比和肌理对比。在对比构成中，要注意视觉元素的疏密、主从、呼应、层次，以及整体与局部的关系。

7. 特异构成

特异构成，也称变异构成，指在有规律、有秩序的构成中打破规律性骨骼和基本性，变异其中个别骨骼和基本形特征，使个别的要素显得突出而引人注目。在网页设计中，特异构成常用于表现某些需要强调的地方或选中的状态物。

● 基本形特异能消除画面的单调感。在使用特异方式时，特异的基本形只要有一项或两项视觉元素不合大体的规律，就会起到特异的效果。

● 骨骼特异方式主要有基本形特异、大小特异、色彩特异、位置特异和形状特异。

骨骼产生特异的部分，可以从一种规律性骨骼经转移点进入另一种规律性骨骼，或转入原来的规律性骨骼中，或再转入第三规律性骨骼中。此外，也可以在规律性骨骼中故意用破坏规律获得特异效果。在界面设计中，常常用特异的理念来表现选中或触控状态的交互效果。

8. 自由构成

自由构成是一种比较自由的组合构成形式，以基本形随意排列为主，没有定律和规律可循。

第3章 UI设计的配色方法

美国流行色彩研究中心的一项调查表明，人们在挑选商品时存在一个"7秒钟定律"：面对琳琅满目的商品，人们只需7秒钟就可以确定对这些商品是否感兴趣。在这短暂而关键的7秒钟内，色彩的作用占到67%，色彩成为决定人们对商品好恶的重要因素。可见视觉色彩形成了人的第一印象。在UI设计中最常见的三个视觉元素是文字、图案、色彩，这也是内容设计的三个重点。三者的关系是远看看色彩，近看看图案，细看看文字。人们对色彩的感知先于其他。基于消费群体心理感受的色彩选择与搭配，能在第一时间吸引浏览者的注意力，激发其心理情感反应，获得视觉上的审美满足，延长浏览者停留在页面的时间。色彩是构成界面的关键要求之一，而色彩搭配却是设计师们感到头疼的问题。背景、文字、图标、边框……应该采用什么样的色彩，应该搭配什么色彩才能更好地表达出预想的内涵呢？

3.1 色彩基础

在很长一段时间内，色彩理论研究停留在初期感性基础上。直到17世纪中叶，英国物理学家牛顿在他的实验室中发现，太阳光通过一个三角形的棱镜后，可分解为红、橙、黄、绿、青、蓝、紫色等明亮的光谱，然后创建了色彩的理性研究。

3.1.1 色彩的基本理论

1. 色环

色环其实就是将光谱中的色彩按照一定的顺序依次排列起，首尾相连，首、尾分别为红色和紫色，组成环形，如图3-1所示。一般色环有6色、8色、12色、24色等。

在色环中，红、黄、蓝为三原色，因为它们不能用其他颜色调配而成，故称为三原色。间色则是指光谱中的橙、绿、紫色等，它们由两种原色调配而成，也称二次色。

类似色（同类色）：在色环中距离在45°以内的一些色彩称为类似色。

互补色（对比色）：在色环上相互正对，呈180°的两种颜色称为互补色，也称对比色。如果希望更鲜明地突出某些颜色，就可以选择对比色。

2. 色彩的三属性

色相、明度和纯度并称为色彩的三属性。

色相：色彩的相貌，每种颜色都有与其他颜色不相同的外观表象特征，这是区分颜色的一个重要标准。色相的主要作用是引起人们情感上的共鸣，一些颜色给人温暖的感觉，而一些颜色给人冷感；一些颜色给人柔软感，而一些颜色给人坚硬感……众多色相中，蓝、紫、红、绿、橙、黄色是六个基本的色相。三原色指色彩中不能再分解的三种基本颜色，我们通

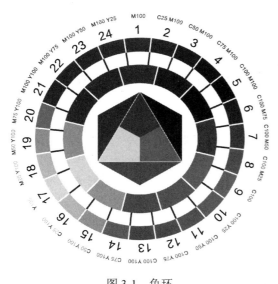

图 3-1　色环

常说的三原色，是色彩三原色及光学三原色。颜料三原色（CMYK）：红、黄、蓝，如图 3-1 所示由内向外第二层。色彩三原色可以混合出所有颜料的颜色，同时相加为黑色，黑白灰属于无色系。光学三原色（RGB）：红、绿、蓝，如图 3-1 中的最里层。图 3-1 中由内向外第三层是 12 色色相环示意图，最外层是 24 色色相环示意图。

明度：色彩显示的明暗程度。白色明度最高、黄色次之、蓝色更次之、黑色最低。颜色明暗度的高低取决于其黑色和白色的成分含量，含有白色多的颜色明度就越高，而含有黑色多的颜色明度就低。在正常情况下，高明度的颜色给人以清新、充满活力的感觉，低明度的颜色给人以厚重、沉稳的感觉。

纯度：色彩纯净、饱和的程度。在单一颜色中，如果没有其他色彩加入，该色的纯度最高。也就是说原色纯度最高，间色次之，复色纯度最低。当有黑色、白色或其补色加入时，其纯度就会降低。一般情况下，高纯度的色彩给人以鲜艳、紧张、兴奋的感觉，低纯度的色彩则给人以灰暗、低调、含蓄的感觉。

3. 色彩的冷与暖

冷色和暖色是一种色彩感觉。冷色和暖色没有绝对的区分，色彩在比较中才存在了冷暖。通常认为红黄色系是暖色系，具有温暖、强烈、扩张的感受；蓝紫色系是冷色系，具有寒冷、平静、收敛的感受；而绿色系是中性色系。

4. 色彩的色系

色彩可以分为有彩色系和无彩色系、土色系与极色系。

有彩色系：包括光谱中可见的全部色彩。不同明度和纯度的红、橙、黄、绿、青、蓝、紫色调都属于彩色系。

无彩色系：包括由黑、白和黑白之间的所有灰色所构成的色系。无彩色系的颜色只有明度上的变化，而不具备色相与纯度的性质，也就是说，在理论上，它们的色相和纯度等于零。

土色系：包括土红、咖啡、土黄、土绿、可可、赭石、熟褐等色系，都是光谱上没有的混合色。它们是大自然中泥土和沙石的颜色，具有沉着、恒久、保守、浓厚、博大、坚实、稳定等感觉；它们也是动物皮毛的色泽，具有厚实、温暖、防寒的感觉；它们近似劳动者与运动员的肤色，也象征刚劲、健美；它们还是很多坚果成熟的色彩，如核桃、咖啡豆等，显得充实、饱满肥美，给人以温饱、朴素、实惠的印象。

极色系：质地坚实，表层光滑，反光能力很强的物体色，主要指金、银、铜、铬、铝、电木、塑料、有机玻璃，以及彩色玻璃的颜色。这些色彩在适当的角度反光敏锐，会感到它们的亮度很高，但如果角度一变，又会感到亮度很低。其中金、银等属于贵重金属色，容易给人以辉煌、高级、珍贵、华丽、活跃的印象；电木、塑料、有机玻璃、电化铝等是近代工业技术的产物，容易给人以时髦、讲究、现代感的印象。总之，极色系属于装饰功能与实用功能都特别强的色彩。

3.1.2　常用颜色模式

在 UI 设计中，最常用的颜色模式就是 RGB 与 CMYK。

RGB 常用于发光显示的设计，屏幕显示多采用 RGB 模式；CMYK 常用于印刷的设计，当界面用于导出打印稿时多采用此模式。

在实际工作中，通常会根据实际情况选择不同的颜色模式，在 Photoshop 中颜色模式调整或转换的办法是执行菜单命令【图像】|【模式】|【……】。

3.2　色彩搭配法则

3.2.1　界面中不同色彩的象征与联想

色彩在界面设计中起非常重要的作用，色彩会因界面设计的不同而产生不同的情感，因此，为了使界面设计整体和谐统一，需要使色彩达到和谐统一，以便与浏览者达成情感共鸣。使色彩统一的手段很多，如色调统一、色相统一、明度统一等。另外，在色彩的选择与搭配上，也要遵循和谐统一的色彩搭配原则。

审美主体与色彩的关系，在于它的象征性与表情性，在不同的网站界面色彩使用中会产生不同的联想、象征和感性，即色彩所引起的生理反应和心理反应。当色彩的心理作用与物理属性相结合时，色彩在浏览者眼中并不是平面的、呆板的，而是立体的、运动的，有冷暖、进退、轻重之别，因而成为网站界面设计中最富表现力、最活跃的因素和手段之一。设计师在进行网站界面色彩设计时，利用色彩的基本要素及特性通过在心理上、生理上和物理上产生的效应来达到提高网站界面美观性的目的，使网站界面设计起到调节人的心理和情绪的作用，营造出能改善人的心理状态、提高工作效率的色彩环境，从而达到具有精神品位和人性化的网站界面色彩效果。

1．界面中红色的色彩情感

红色具象象征为红旗、血液、太阳；抽象象征为革命、正统、热情、紧张、危险、爆发。

网站界面设计中的红色会吸引浏览者的注意。它不是低调颜色，而会在页面中"叫喊"，会从照片中"跳"出来。若大胆地在整个设计中广泛使用，就算是一点点红色也会起到很大的作用。选用红色作为主色调的电子商务网站很多，如天猫、京东商城、库巴等。当然由于色彩属性的关系，红色有很多层次：深红、大红、粉红、玫瑰红、朱红、橘红、土红等，不同的红色会给人传达不同的心理感受。

使用粉红色做浅色系列界面色彩，视觉刺激弱、柔和，自然让人联想到稚嫩、天真的孩童、柔软舒适的针织品，比较适合女性用品（化妆品、服装）网站、家纺产品网站；艳丽的红色很容易让人联想到女性、化妆品，所以在这类网站上常被使用，正因为纯度高、视觉刺激强，易视觉疲劳，所以高纯度的红色常常需要与其他色彩搭配，特别是与无彩色搭配，产生视觉冲击力，显得前卫、时尚；明度较低的深红色一般给人正式、权威的感觉。红色是中国传统的喜庆色彩，所以常用于正统、革命节庆专题页面、婚庆网站等。红色、橙色、黄色等相对偏暖的色系都适用于食品网站，如麦当劳和可口可乐均选择了红色系作为推广色。

学习强国官方网站学习理论界面如图 3-2 所示，色彩很纯粹，红色基本上占据了所有主导元素，从整站的通用顶部网站名称与标语背景到首屏底部的二级页面导航背景，都使用了充满正能量的让人兴奋的红色。中间的"学习理论"Banner 也使用了大量红色为点缀增强界面空间感，突出主体（界面最上方的标题与口号）。同时红色是激情的象征，能产生很自然的视觉隐喻，可将浏览者的情绪调动起来，并联想到振奋人心的激情。

图 3-2　红色系网站截图

2．界面中橙色的色彩情感

橙色的具象象征为橙子、阳光、秋叶；抽象象征为温暖、收获、美食、快乐、温情、明朗、积极。

橙色系较适合食品、饮料类的网站，在界面中具有强烈的情感导向作用。橙色与人们的生活体验息息相关，也与常见食物的颜色很接近，如金黄色的面包、红色的西红柿、橙色的橘子，甚至香喷喷的挂炉烤鸭等。橙色能唤起人们对美食的垂涎，诱惑味觉，引起心理、情感的共鸣。对于表现美食的网站来说，橙色是非常不错的选择，如大众点评网等。还有一些生活团购网站的基色也选择了橙色，如拉手网、窝窝团、58 团购等。如前所述，可以使用橙色作为前景颜色来高亮显示重要的元素，或者作为一个主要的背景色来传达一种热情、活跃和热烈的感觉。不用下大力气渲染，橙色就能产生巨大的效果。如库巴网就选择了橙色作为主要的点缀色彩，如图 3-3 所示。

图 3-3　橙色 Logo

3．界面中的黄色色彩情感

黄色的具象象征为帝王、金子、香蕉、阳光、注意信号；抽象象征为高贵、明朗、欢快、温暖、华丽、财富、野心。

鲜亮的黄色，具有很强的视觉吸引力，更能吸引浏览者浏览界面。这种高纯度的彩色常被用于与儿童相关的领域，如儿童的玩具、小食品、服饰、书籍、游戏等类型的网站中。也借助其中金钱的隐喻用到为您省钱的美团、外卖等类型的互联网产品中。

4．界面中绿色的色彩情感

绿色在色环上处于冷暖两种色彩的中间，比较中性，显得和睦、宁静、健康、安全，代表着健康、环保。

斯柯达聪明主义网站，如图 3-4 所示。网站主题是"用聪明主意实现你的聪明主义"，主要采用了绿色为主色调。绿色系是自然之色，代表了生命与希望，也充满了青春活力。配合界面中的图形元素，使用绿色道路线条作为直接视觉引导，配以绿色的明度变化，做出层次感，使得整个界面生机盎然，成功地表达出网站所要体现的情感。互动性、趣味性、创新性是网站设计首先要体现的，因此设计师们选择了低纯度的、略灰的浅绿色作为大片背景，能起到柔和视觉的作用，让人心平气和、神清气爽地浏览网站；略深的草绿色传达着茂盛、健康、富有力量的心理感受。同一色相、不同明度的色彩搭配，为界面增添了活力。

图 3-4　绿色系网站截图

5．界面中蓝色的色彩情感

每种颜色都带有一种情感色彩，蓝色的具象象征为大海、天空、远山、星空；抽象象征为沉静、理智、大方、冷淡、理性、自由。

Bali 冲浪及海上项目产品商店网站界面，如图 3-5 所示。这个网站使用了大量的蓝色，用色彩强化了视觉隐喻。天空与海水呼应了网站主题"海上项目"，使整个网站看起来风景秀丽，充满大海的诱惑，让浏览者畅想起各种海上娱乐项目。在这个网页中，色彩是非常重要的设计元素，若换掉蓝色，整个视觉隐喻就会失败，与之带来的情绪联想也就会消失。

6．界面中紫色的色彩情感

紫色的抽象特征为高贵、庄重、奢华。在中国传统文化里，紫色是尊贵的颜色，如北京故宫又称为"紫禁城"，亦有所谓"紫气东来"。受此影响，如今日本王室仍尊崇紫色。如图 3-6 所示为韩国化妆品品牌官网，整个网站呈紫色调，显得高贵、深邃。网站界面以紫色为主色调，成功地体现了品牌的高端性，并且采用了多层次紫色的渐变，使界面更多地透露出女性用品的特质。

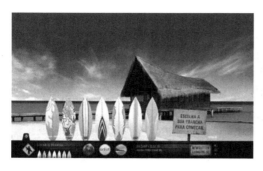

图 3-5　蓝色系网站截图　　　　　　　　　图 3-6　紫色系网站截图

7. 界面中白色的色彩情感

白色是色彩情感比较中立的颜色，以背景色方式出现较多。在"图底关系"中，常常被看作是"底"。其实在网站界面中很好地使用白色会给人干净和简洁的感受。

蒙牛乳业网站中大量使用白色作为网页背景和以白色为主的图片，如图 3-7 所示。其实任何颜色添加适当的白色都可以带来柔和的感受。白色作为网站界面主色调，一般会搭配一些柔和、明度高的颜色，让浏览者产生一种健康、干净和新鲜的直觉印象，可以更直观地传递信息，使整体页面简洁、干净。

图 3-7　白色系网站截图

8. 界面中黑色的色彩情感

如图 3-8 所示为周口设计工作室网站界面，该工作室成立于 2006 年，是一家集网站、CIS（企业形象识别系统）、地产策划设计为一体的专业设计机构，其网站以黑色为主表达出别样的精致与专业。

图 3-8　黑色系网站截图

3.2.2　色彩搭配方法

1．色调配色

色调配色指将具有某种相同性质（冷暖调、明度、纯度）的色彩搭配在一起，色相越全越好，最少要具有三种以上色相，如将同等明度的红、黄、蓝色搭配在一起。大自然中的彩虹就是很好的色调配色。

2．近似配色

近似配色指选择相邻或相近的色相进行搭配。这种配色方法因为含有三原色中某一共同的颜色，所以很协调。因为色相接近，所以也比较稳定，如果是单一色相的浓淡搭配则称为同色系配色。效果出彩的近似配色，如紫配绿、绿配橙。

3．渐进配色

渐进配色指按色相、明度、纯度三要素之一的程度高低依次排列颜色。特点是即使色调沉稳，也很醒目，尤其是色相和明度的渐进配色。彩虹既属于色调配色，也属于渐进配色。

4．对比配色

对比配色指用色相、明度或纯度的反差进行搭配，有鲜明的强弱对比。其中，明度的对比给人明快、清晰的印象，可以说，只要有明度上的对比，配色就不会太失败，如红配绿、黄配紫、蓝配橙。

无彩色与有彩色的局部对比，可以产生明显的视觉效果，如导航栏的设计。网站的导航栏是为了让浏览者更便捷、清晰、明确地找到所需要的资源区域，所以导航栏在网站界面中的被观看机会、频率是最高的，做好导航栏的色彩搭配，很大程度上可以实现色彩情感的行为导向。如图 3-9 所示的导航栏设计，大面积高明度无彩色的使用，令导航区域干净明朗，局部的有彩色——绿色的出现，把所有视线都吸引了过去，带来生机与活力，激发人们欢欣的情绪，配合向右的箭头形状，简单有效地完成了导向性的指引。一级导航中利用鲜艳的绿色作为导航文字的主要颜色，使用白色与绿色突出了当前选中的导航；利用比一级导航白色背景略暗的浅灰色作为二级导航背景颜色，可起到削弱作用。

图 3-9　导航栏设计

5. 单重点配色

单重点配色指让两种颜色形成面积上的大反差。"万绿丛中一点红"就是一种单重点配色。其实，单重点配色也是一种对比配色，相当于一种颜色做底色，另一种颜色做图形。

6. 分隔式配色

如果两种颜色比较接近，看上去不分明，可以将对比色加在这两种颜色之间，增加强度，整体效果就会很协调了。最简单的加入色是无色系的颜色或米色等中性色。

7. 夜配色

严格来讲，夜拼色不算是真正的配色技巧，但很有用。高明度或鲜亮的冷色与低明度的暖色配在一起，称为夜配色或影配色。它的特点是神秘、遥远，充满异国情调、民族风情，如翡翠松石绿色配黑棕色。

3.2.3　色彩搭配的其他原则

1. 顺应文化时代特征的原则

（1）注重用户体验和色彩情感，注重"以人为本"的设计理念。第一眼看见一个网站时你会有什么感觉呢？无论是喜欢或厌恶，或多或少都有所感受。这正是色彩情感产生的作用。特别是设计一个色彩强烈的界面时，必须思考色彩产生的情感。作为一名设计师，只有充分地理解色彩可能带给浏览者的正面或负面联想，才能更好地主导情感化设计，进而为产品服务。

（2）要尽量做到与浏览者的审美情趣相统一。互联网的特性决定了它的受众广泛。在全球化、信息化的时代，互联网产品要面对来自不同国家、使用不同文字的浏览者，这些浏览者的民族、信仰、年龄、文化修养等都存在着差异。网页设计师在制作网页时就必须进行多方面的考虑，尽可能多地符合浏览者对色彩的要求。同时，界面设计的精神需求必须符合时代要求，适合现代人的心理需要。因此，在进行界面色彩设计时，更要注意色彩所散发的人文情感、时代情感，使色彩的情感更加人性化。

（3）返璞归真，自然化法则。由于现代生活中的人们长时间与大自然脱离，"宅"成为越来越多的人的主流生活方式。他们已经厌倦了城市生活，总想亲近自然，回归自然，呼吸一些大自然的新鲜空气。色彩设计的发展趋势之一就是自然化，即从自然中寻求色彩，并将其运用到界面色彩设计中，这将是色彩情感发展的一个重要方向。在界面的色彩设计中要从自然规律出发，开发出色彩的自然原始美，引导人们在感情上、视觉上回归自然，从视觉感受上升到情感体验。

（4）寻新求异，多元化法则。在界面设计的发展过程中，寻新求异的色彩运用越来越多地受到人们的关注。在传统的设计领域中，产品的功能与造型是设计师进行设计的首要因素，而色彩设计只是界面设计中的一个小分支，处于从属地位，并且比较固定单一。随着科学技术的发展、时代的飞跃、社会的进步，人们对色彩心理和色彩生理的需求也在不断增强。因此，在界面设计中，色彩情感趋于多元化，这将成为必然的趋势，以满足不同性别、不同阶层、不同年龄层次对色彩的需求。

2．色彩全局统一，细节突显

设计界面时一般都有一个总体的色调、常用的主色，这样才能在整体上产生统一的色彩感官，并表达产品整体的色彩情感。

界面视觉形象的统一，一般会选择一个标准色作为主色，再挑选一些与之相似、相近的颜色统筹协调，这样就可直观地营造出色彩倾向明确的、整体的色彩情感。如果这个情感与浏览者的心理产生了共鸣，此情感就可以引导浏览者的访问行为了。

界面色彩尽量统一，不代表只能使用一种色系的颜色。全局色彩统一、局部色彩凸显，形成强烈对比与反差，正是形式美法则统一与变化的体现。设计时可以通过不同色彩的搭配来凸显细节。对比色与补色的使用可以强调细节，突出显示，引起浏览者的注意。当浏览者注意到此种色彩时就会对这里的色彩及色彩情感做出反应。这时，色彩情感就会引导着浏览者的操作、访问行为。

3．面积对比法则，用色彩划分视觉区域

快节奏的时代步伐，无形中使界面设计风格发生了改变。人们逐渐喜欢上了更简洁、更直观的阅览效果。色彩情感的形状导向法是指运用色彩的对比技巧在界面上划分出不同的形状、区域，根据这种形状效果引导浏览者的思想和访问、操作行为。如很多网页使用了这种方法区别网站栏目和板块，重金属、厚水晶慢慢地被简洁色块代替，纯色的背景比重复的小图案背景更受浏览者青睐。栏目、板块的划分并不一定需要"线"，调整一下相邻板块的颜色，也可以收到意想不到的效果。

4．渐变法则，空间导向法

空间导向法是指利用色彩在界面中营造出多维色彩空间感，并引导浏览者的情感和行为。利用色彩的不同搭配与对比营造出来的空间是一种虚拟的视觉空间，就人的视觉感受而言，它具有平面性、幻觉性和矛盾性，即平面构成中的空间只是一种假象，三度空间是二度空间的错觉，其本质上还是平面的，目的是使浏览这个空间的浏览者感受到色彩营造的情感，再让情感影响其心理变化，起到引导操作行为和访问行为的目的。通常可以借助远近、大小表现空间感的色彩方法来营造色彩空间。例如，近大远小是透视常识，可以运用色彩所表现的远近感来实现透视空间效果。不同色彩的色相和明度会展现出不同的远近感觉，且色彩能表达深色收缩、浅色膨胀的色彩感觉。色彩情感的透视空间效果导向法的色彩搭配是将色彩由中间向两边渐变，且中间色彩为深色，两边色彩为浅色，它们在明度上的变化能形成色彩的透视空间效果，根据色彩所形成的这种空间效果来实现色彩情感的导向方法。

（1）利用重叠表现空间感。通过色彩的对比在界面上将一个颜色叠加在另一个颜色之上，会有前后、上下的感觉，从而产生空间感。

（2）利用阴影表现空间感。在数码"横行"的年代，阴影可以被处理成任意的颜色，用阴影区分会使物体具有立体感，还可以表现出物体的凹凸感。这在惠惠网站首页随处可见，如图 3-10 所示。

（3）利用色彩变化表现空间感。利用色彩的冷暖变化，冷色远离，暖色靠近表现空间感。

图 3-10　利用阴影表现空间感

（4）利用色彩表达的矛盾空间。所谓矛盾空间是指在真实空间里不可能存在，只有在假设中才存在的空间。运用色彩的搭配，使色彩在平面的基础上展现出不同的空间感。

（5）撞色导向法。狭义上的撞色即补色，就是在色环上呈 180°的两个颜色。广义上的撞色是指两种（或多种）反差较大的颜色搭配形成视觉冲击的效果，如将不是一个色系或冷暖色之间的颜色进行搭配。撞色表现出了不同的色彩效果，融合了多种色彩情感，可实现色彩情感的导向性。

撞色搭配在界面设计中常被用来做暗示性的导向。如图 3-11 所示的网站页面的局部，栏目标题区"最新""最热"选项卡底色，就选择了灰色与玫红色的撞色搭配，配合鼠标经过时的特效跳转，突出、暗示该处有其他内容，引导浏览者查看其他选项卡。

图 3-11　撞色设计

5．留白法则

留白作为中国画特有的绘画语言之一，随着现代数字媒体技术与艺术的发展，在界面设计中也多有运用。迅速、有效地传达信息，少用装饰，强调虚实，运用留白成为界面设计的时尚追求。在界面设计中有效运用留白的技法和观念，可以极大地丰富和拓展浏览者的思维，带来思考和接收信息的时间间隙，让人易于接受产品传递的情感和展示的内容。

提升到艺术的高度来看，留白可以给人带来心理上的轻松与快乐，也可以给人带来紧张与节奏感，通过这种手段可以向浏览者表达设计者的心理感受。认知心理学的研究证明，留在空白之中的东西更容易被人注意和记住，留白对浏览起强调和停顿的作用，有助于视觉向主体元素凝聚，留白所创造的空间可形成一种路径进而左右用户的浏览方向。如在主题文字的周围留出恰当的空白空间，会比更改主题文字大小和色彩的效果更显突出，同时也可使页面在统一性上更易处理。界面上一点空隙都没有，根本谈不上节奏和韵律美，而留白，就可以合理地调剂它和界面上其他各要素之间的关系，使安排更加合理。

3.3　设计软件中的色彩调整

3.3.1　Photoshop中的色彩调整

使用 Photoshop 最基本的技巧之一就是色彩调整技巧，这也是 Photoshop 区别于其他图形处理软件的一项看家本领。要想做出精美的图像，色彩模式的应用和色彩的调整是必不可少的。在这里对 Photoshop 色彩调整命令做一个简单的整理。

Photoshop 中调整图像色彩的方法很多，可以通过菜单栏的【图像】|【调整】下级子菜单，也可以通过"图层"面板下面的【调整图层】 ⬤. 按钮。

它们的基本方法是一样的，所不同的是，菜单栏的命令会更改图像的原始色彩，而调整图层则不会破坏原图像。对于有一定操作基础的设计师来说，强烈建议创建填充与调整图层，不要了可以删掉或隐藏效果，而且创建填充与调整图层后默认带一个蒙版，可以通过编辑蒙版来控制调整效果与范围。

- 用于色彩明暗对比调整的选项有色阶、曲线、亮度/对比度、曝光度……
- 用于色彩偏色、对比度调整的选项有色彩平衡、色相与饱和度、可选颜色、替换颜色、匹配颜色……
- 用于特殊色彩调整的选项有反相、阈值、色调分离、渐变映射、照片滤镜……

3.3.2　Illustrator中的色彩调整

1．更改文档的颜色模式

执行菜单命令【文件】|【文档颜色模式】|【CMYK 颜色】或【RGB 颜色】。

2．编辑对象颜色

在【编辑】|【编辑颜色】下级子菜单中有一系列针对颜色编辑的命令，如图 3-12 所示，这些功能需要先选择要调整颜色的对象后再进行操作，否则命令呈灰色不可用。该菜单与Photoshop 中的【图像】|【调整】菜单类似。

图 3-12　【编辑颜色】子菜单

3．Illustrator 中的渐变

在 Illustrator 中，选中渐变填充对象后，直接用吸管吸色，将会用吸取的颜色实色填充

对象；选择吸管工具，按住 Shift 键不放再单击要吸取的颜色，将会改变渐变色的某个颜色。

所以渐变的编辑最好配合"渐变"面板，如图 3-13 所示。可以单击渐变滑块空白处增加颜色；选中滑块后还可以进行颜色不透明度的调整；也可以选中滑块后激活左下方【拾色器】按钮，在工作区内任意吸色。

图 3-13 "渐变"面板

第4章　UI设计的常用工具

> UI设计是一个新兴的领域，已经受到越来越多的软件企业及开发者的重视，也出现了专业的UI设计师职业。常用的UI设计工具有Adobe Photoshop、Adobe Illustrator、Adobe After Effect、Adobe Premiere和Sketch等。本书以Photoshop和Illustrator为主进行讲解。

4.1　Photoshop

Photoshop 是最优秀的 UI 设计工具之一，有着强大的图片编辑和处理功能，可用于摄影的后期制作，可以给图像添加各种滤镜，调整亮度、对比度等，可以生成高分辨率的图形。借助"图层"面板，可以非常简单和高效地处理和修复图片，并且 Photoshop 提供了不同文件格式保存的选项，调整图像大小和分辨率也不会丢失图像质量。

Photoshop 软件更新很快，每年都会进行版本更新，每次更新也都会引起大家的关注，新版本总会有一些实用的小功能，但主要功能没有太大变化。新功能如一键换天空、一键生发、神经 AI 智能滤镜、一键给黑白照片上色等。又如可以实现生成 4 个不一样圆角的矩形，使圆角设置更加精准；多重形状和路径的选择功能；新建文档的预设更为智能，其中包含 Web 端各种尺寸的预设、移动设备端各种文档大小的预设，如 iPhone、iPad、iWatch 的尺寸预设，使 UI 设计更加便捷。

4.1.1　初识Photoshop

1．认识界面

Photoshop 工作界面布局简单，按从上到下、从左到右的顺序观察，依次是菜单栏、选项栏、工具箱、文档窗口、面板及状态栏。如图 4-1 所示为 Adobe Photoshop 2021 的启动页面，有点小清新。

2．常用辅助键：Ctrl、Alt、Shift

1）Alt 键

● 按住 Alt 键时用吸管工具可以吸取背景色而非前景色。

● 在绘制选定范围时，按住 Alt 键可以临时在多边形套索工具和套索工具之间进行切换。

● 在使用加深工具和变淡工具时，按住 Alt 键可以进行临时相互切换。

● 在使用画笔工具，喷枪工具时，按住 Alt 键可以临时切换成吸管工具，随时吸取需要的颜色。

● 在使用橡皮擦工具时，按住 Alt 键，系统以擦除到历史记录相反的状态进行擦除。

● 在绘制路径时，按住 Alt 键并拖动鼠标，可以切换到手工绘制状态。

图 4-1　Adobe Photoshop 2021 启动页面

- 更改某一对话框的设置后，若要恢复为默认值，按住 Alt 键不放，取消键会变成重新设置键，单击即可。
- 按住 Alt 键不放，单击当前图层的画笔图标即可取消当前图层与其他图层的链接。
- 按住 Alt 键不放，单击当前图层的眼睛图标即可使其他图层不可见，再次单击则恢复可见。
- 按住 Alt 键不放，单击"图层"面板的垃圾箱图标即可直接删除当前图层。
- 按住 Alt 键不放，单击【滤镜】菜单的第一项，即上一次使用的滤镜，可调出此滤镜的设置框。

2）Ctrl 键

- Ctrl+X 组合键（剪切）；Ctrl+V 组合键（粘贴）。
- 使用 Ctrl+F 组合键可以再一次应用最近的滤镜效果，以加强滤镜效果。
- 按住 Ctrl 键单击想要选定的通道，可以将通道转换为选定范围。
- 按住 Ctrl 键，双击背景区域可以新建文件。

3）Shift 键

- 按住 Shift 键时用选框工具可以画出正圆形或正方形。
- 在使用多边形套索工具时，按住 Shift 键，则只能在水平、垂直和 45°方向绘制选定范围。
- 在自由变换时，按住 Shift 键，拖动斜角的控制点可以按原比例进行变换。
- 在使用橡皮擦工具时，按住 Shift 键，则只能在水平、垂直方向擦除。
- 在绘制路径时，按住 Shift 键，可以将线段角度限制为 45°的倍数；在选择路径时，可以选中多个路径。

 **4.1.2　图像常用基本操作**

1. UI 设计分辨率

在 iOS 与 Android 的客户端，在界面分辨率上就不甚相同，更别说每个系统旗下都有大大小小的设备终端，所以在进行 UI 设计时要注意屏幕自适应的问题，以及素材的可拉伸元素。

2．改变图片文件大小

对于图片处理来说，改变图片文件大小、尺寸和方向是最基础的操作，在 Photoshop 中，改变图片文件大小具体操作如下。

（1）裁剪工具的快捷键为 C，使用时按住 Shift 键可以锁定长宽比进行裁剪。

（2）在不影响图片内容显示的情况下，通常可以执行菜单命令【图像】|【图像大小】，在弹出的"图像大小"对话框中修改宽度与高度，如图 4-2 所示。注意选中"锁定长宽比"图标，否则会变形。也可以执行菜单命令【图像】|【画布大小】。

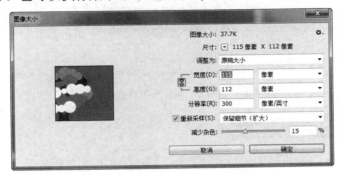

图 4-2　"图像大小"对话框

（3）针对单个图层中的图像，通常可以执行菜单命令【编辑】|【自由变换】（快捷键为 Ctrl+T 组合键），进行自由变换操作。此时按下 Shift 键，用鼠标向内拖动图片的任意角缩小图片，可以保证缩放比例不变。

Photoshop 中的"自由变换"是一个功能非常强大的制作手段。使用 Ctrl+T 组合键可以对图形进行变换，这时，图片周围会有 8 个控制块和边框线，用鼠标拖动就可以对图片进行变换。

当鼠标光标变成 ↰ ↱ ↲ 时，就可以对图片进行旋转，而图片旋转的中心就是图片中 ✛ 所在的位置。 ✛ 是可以用鼠标进行移动的，这样可以任意改变旋转中心。

当鼠标光标变成 ↔ 时，就可以对图片进行拖拉变换，可以变大、变宽、变窄等。

特别需要注意的是：

● 按住 Shift 键的同时把鼠标移动到四角的方块上进行拖拉变换，这时对图片做的是成正比例的变大、变小。

● 按住 Ctrl 键的同时把鼠标移动到四角的方块上进行拖拉变换，这时只是对图片的一个角进行变换。

● 按住 Alt 键的同时把鼠标移动到方块上进行拖拉变换，这时对图片的变换是以 ✛ 为中心进行的。

如果变换的过程中想退出，可以直接按下 Esc 键，则图片恢复到原来的样子不做任何变动；如果变换好了，按 Enter 键就可以确定变换，图片就发生了改变。

（4）在不能改变图像尺寸的情况下，通常可以采取更改图像模式的方法重新进行存储。最好用的方法是执行菜单命令【文件】|【存储为 Web 所用格式】，在弹出的对话框中改变图像大小的像素值，如图 4-3 所示。这是能有效减小文件又保持清晰度的方法。

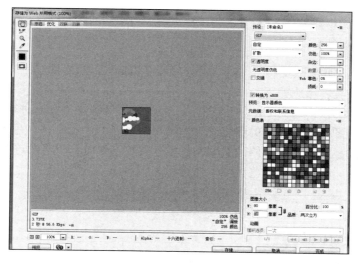

图 4-3 "存储为 Web 所用格式"对话框

4.1.3 选区的基本操作

1. 建立选区

图 4-4 选区类工具

方法一：利用选区类工具创建。选区类工具有选框类、套索类和快速选择类三种，如图 4-4 所示。

工具箱的左边竖条工具栏中第一个就是选框类选区工具，长按 2 秒钟，出现矩形选框工具、椭圆选框工具、单行选框工具和单列选框工具。套索类选区工具分为套索工具、多边形套索工具和磁性套索工具。快速选择类选区工具分为快速选择工具和魔棒工具。正如它们名字描述的那样，每个工具都有独特的优势，需要多多练习与尝试。

如图 4-5 所示的简单图像合成，可以主要用选区类工具完成。

关键步骤提示：

首先移动汽车图像到树林图像中，然后使用魔棒选择汽车周围的白色背景并按 Delete 键清除，最后使用磁性套索工具得到画面中间的大树选区，并在汽车图层中按 Delete 键清除。如果需要选中图 4-6 中的大楼，考虑到大楼边沿呈直线型的部分较多，则可以使用多边形套索工具轻松选取；如果需要选择天空中的蓝色部分，考虑到图中蓝色层次很接近，和其他颜色区别又比较大，则可以使用魔棒工具。

图 4-5 图像合成

图 4-6 适合多边形套索工具选取的图像

方法二：色彩范围。执行菜单命令【选择】|【色彩范围】，打开"色彩范围"对话框选取颜色，能一次性快速选取画面中所有相似的颜色，另外，在抠图时也通常采用此方法。如在图 4-7 中需要把画面中所有红色部分选择出来，就可以使用这种方法。

图 4-7　"色彩范围"对话框

2．修改选区

建立选区后可以对选区进行各种修改，通过这些基本的修改可制作出不同的画面效果。执行菜单命令【选择】|【修改】可以轻松进行选区的修改，包括边界、平滑、扩展、收缩等。

- 边界：以原选区为基础形成环状选区，宽度数值为 1～100px，数值越大圆滑度越大，如图 4-8 所示。
- 平滑：圆滑选区各顶点，圆滑半径数值为 1～100px，数值越大圆滑度越大，如图 4-9 所示。

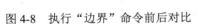
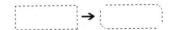

图 4-8　执行"边界"命令前后对比　　　　　　　　图 4-9　执行"平滑"命令前后对比

- 扩展：选区向外扩大，扩展值为 1～100px，数值越大扩展程度越大，如图 4-10 所示。
- 收缩：选区向内缩小，收缩值为 1～100px，数值越大收缩程度越大，如图 4-11 所示。

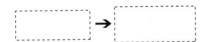

图 4-10　执行"扩展"命令前后对比　　　　　　　图 4-11　执行"收缩"命令前后对比

3．操作选区

- 移动：移动选择区域，必须确保在选择工具状态下进行。
- 绘制模式：绘制选区时，在状态栏里有四种模式可选，依次是 ▢▢▢▢ ，分别为新选区、添加到选区、从选区减去、与选区交叉。
- 反选：执行菜单命令【选择】|【反向】，快捷键为 Ctrl+Shift+I 组合键。
- 取消选区：执行菜单命令【选择】|【取消选择】，快捷键为 Ctrl+D 组合键。
- 隐藏/显示选区：执行菜单命令【视图】|【显示】|【选区边缘】，快捷键为 Ctrl+H 组

合键。

- 填充：建立选区后，执行菜单命令【编辑】|【填充】，在弹出的对话框中可以选择颜色、图案等对选区进行填充，如图 4-12 所示。
- 描边：建立选区后，执行菜单命令【编辑】|【描边】，在弹出的对话框中可以选择颜色、位置、混合模式等对选区进行描边，如图 4-13 所示。

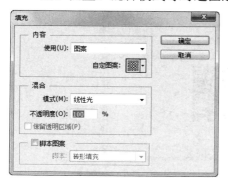

图 4-12 "填充"对话框

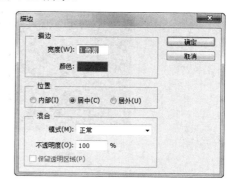

图 4-13 "描边"对话框

4.1.4 矢量绘制类工具的应用

Photoshop 中的路径与形状相关工具都可以编辑矢量图形，如图 4-14 所示。对矢量图形进行放大和缩小，不会产生失真的现象，所以在 UI 设计中备受青睐。在 Photoshop 路径中，通过相加、相减、交叉区域和重叠这四种运算，能组合出很多不同的造型。Photoshop 中的路径还可以直接导出为 AI 格式（执行菜单命令【文件】|【导出】|【路径到 Illustrator】），方便两个强大的图形处理软件配合使用。要成为一名优秀的设计师，在设计 UI 作品时，应尽可能使用路径和形状图层，这样后续想修改时，可以从容地进行。

1. 路径的组成

路径由锚点和线段组成，锚点分为尖凸点与平滑点，如图 4-15 所示。对于一个锚点而言，如果方向线越长，那么曲线在这个方向上走的路程就越长，反之就越短。锚点的类型转换可以使用转换点工具。

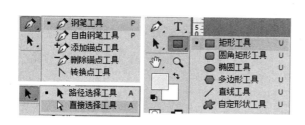

图 4-14 路径与形状相关工具

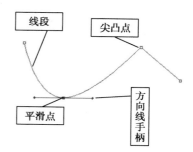

图 4-15 路径的组成

2. 工作路径与子路径

工作路径是由选区转换得到的，或者是在没有指定正式路径集时，直接使用路径创建工具得到的临时路径集。

子路径是一条相对独立的线段，可以是封闭的，也可以是不封闭的。

3．路径的绘制

路径可以通过钢笔工具、形状工具绘制产生，也可以通过选区建立。

（1）使用钢笔工具绘制路径。

第一种方法：建立一个曲线锚点并拖动它的方向线，实际上随着鼠标移动的是"去向"这条方向线，而"来向"方向线总是与之呈 180°夹角，并且长度也相同。

第二种方法：在建立第二个锚点并遵循"来向"定义好方向线之后，再修改"去向"方向线，使曲线可以正确地绘制下去。实际上，在定好第二个锚点后，不用到工具栏切换工具，将鼠标移动到方向线手柄上，按住 Alt 键即可暂时切换到转换点工具进行调整；而按住 Ctrl键将暂时切换到直接选择工具，可以用来移动锚点位置；松开 Alt 键或 Ctrl 键即恢复钢笔工具，可继续绘制。

第三种方法：在不切换工具的条件下，可以使用快捷键完成方向线的修改，做到不间断地绘制整条曲线。单击锚点后，不要松开鼠标，按下 Alt 键单独调整"去向"方向线，调整结束后，先松开鼠标再放开 Alt 键，否则将打乱"来向"方向线。最后封闭路径，连接起点时，应先按住 Alt 键再连接起点，否则将无法单独调整方向线。

（2）使用形状工具绘制路径。在 Photoshop 中有各式各样的形状工具，包括直线工具、矩形工具、圆角矩形工具、椭圆工具、多边形工具、直线工具和自定形状工具，其中自定形状工具中还可以载入外部素材。"形状工具"选项栏中有 3 种模式，如图 4-16 所示。

● 形状：此模式用于创建路径遮罩填充图层，填充色彩是前景色。

● 路径：此模式用于创建工作路径，工作路径是未命名的临时路径。

● 像素：此模式可以直接创建填充图像，图像色彩是前景色。此模式只有在使用形状工具时才使用。

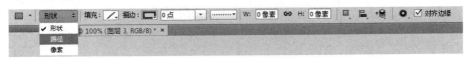

图 4-16 "形状工具"选项栏

（3）通过选区建立路径。在 Photoshop 中有选区的情况下，可以从选区直接生成工作路径，单击"路径"面板上的"创建工作路径"按钮即可。"路径"面板上的按钮，如图 4-17 所示。按下 Alt 键的同时单击按钮，可以弹出设置对话框，例如如图 4-18 所示的"描边路径"对话框，在对话框中可以进行更详细的设置。

●：用前景色填充路径。

○：用画笔描边路径。

⁂：将路径作为选区载入。快捷键为 Ctrl+Enter 组合键，将默认转化（使用默认参数，0 羽化半径新建选区）。

◇：从选区生成工作路径。

▣：添加图层蒙版。

▭：创建新路径。

🗑：删除当前路径集。

单击"路径"面板空白处可以隐藏路径。

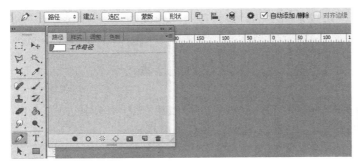

图 4-17 "路径"面板   图 4-18 "描边路径"对话框

4．使用路径的技巧

（1）在单击调整路径上的某个点后，按 Alt 键，再在该点上单击一下，这时其中一根调节线将会消失，再单击下一个路径点的绘制方向就不会受到影响了。

（2）按住 Shift 键的同时进行绘制，可以让所绘制的点与上一个点保持 45°的整数倍的夹角（如 0°、90°）。

（3）绘制完后按住 Ctrl 键在路径之外任意位置单击，即可完成绘制。

（4）记住一个原则：绘制曲线的锚点数量越少越好，因为如果锚点数量增加，不仅会增加绘制的步骤，同时也不利于后期的修改。

4.1.5 画笔工具的应用

1．画笔的基本设置

在"画笔"选项栏里，可以快速和轻松地更改画笔混合模式、不透明度、流量等。如果想反复使用累积效应，但又不移动笔刷，可以打开喷枪选项。"画笔"选项栏基本设置界面如图 4-19 所示。

图 4-19 "画笔"选项栏

在选项栏上单击打开"画笔预设"选取器，里面有详细的大小、直径设置与笔尖形状的选择，如图 4-20 所示。

● 大小（直径）：Photoshop 用圆的直径来表示笔尖的粗细。

● 硬度：取最大值 100%时，绘制的边沿最清晰；硬度越小，边缘看起来越虚化。因此，画笔的软硬度在效果上就表现为边缘的虚化（也称为羽化）程度。

设置画笔直径为 45px，硬度为 100%，用黑色在图像左部单击一下，便会出现一个圆；然后把画笔硬度设为 50%，在中间再单击一下；最后把画笔硬度设为 0%，单击第三下，将会出现三个不同的圆，如图 4-21 所示。

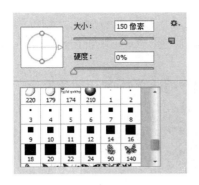

图 4-20　"画笔预设"选取器

硬度：100%　　硬度：50%　　硬度：0%

图 4-21　画笔硬度对比

2．画笔相关快捷键

熟记快捷键，可以通过键盘、鼠标结合操作，提高 Photoshop 的使用效率。注意，快捷键使用的前提是输入法为英文输入、小写、半角状态。画笔类工具的常用快捷键如下。

（1）画笔工具：B。

（2）改变画笔大小：【（左方括号）表示缩小，】（右方括号）表示放大。目前 Photoshop 中画笔直径最大为 5000px。

（3）临时使用吸色工具：Alt。

（4）在正常和精确笔刷之间切换：Capd Look。

3．"画笔"面板设置

可以在"画笔"面板中找到画笔笔尖形状的各种设置选项。选择一种预设笔尖形状，通过调整角度、圆度和绘制间距，甚至可以在很多复选效果里进行详细设置，从而获得想要的笔刷绘制效果，面板底部提供了效果预览。多练习设置，就会发现画笔可以绘制出很多神奇的东西。"画笔"面板如图 4-22 所示。

（1）画笔笔尖形状设置。

- 大小：设置画笔的大小尺寸。
- 角度：设置画笔的旋转角度。
- 圆度：设置画笔的高度缩放比例。
- 硬度：设置画笔的边缘属性，数据越大边缘越清晰，数据越小边缘越羽化。
- 间距：设置点之间的距离。

（2）形状动态。通过"形状动态"选项可以控制笔刷的大小、角度和圆度在绘制过程中的变化，例如在"控制"选项处可以试试渐隐的效果。"形状动态"设置界面如图 4-23 所示。

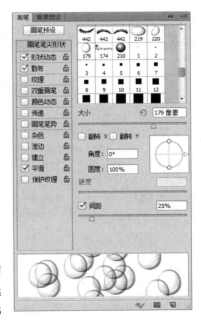

图 4-22　"画笔"面板

（3）散布。通过"散布"选项可以控制画笔偏离鼠标移动路径的程度。例如控制笔刷点随机分布在画笔笔刷路径上，这样满眼红叶的效果就很容易画了。"散布"设置界面如图 4-24 所示。

（4）"画笔"面板其他选项。在"画笔"面板中，还有纹理、双重画笔、颜色动态、传递、画笔笔势、杂色、湿边、建立、平滑、保护纹理选项。通过不同的设置、搭配可以获得很多有趣的效果，需要读者不断地尝试。

图 4-23 "形状动态"设置界面

图 4-24 "散布"设置界面

4．定义画笔预设

把想定义为画笔的部分选中，当鼠标呈蚂蚁线时，执行菜单命令【编辑】|【定义画笔预设】，在弹出的对话框中输入名称或保持默认，就定义成功了，如图 4-25 所示。这个画笔就会出现在画笔笔尖形状里。定义的画笔呈灰度显示，绘制时可根据需要选取颜色和混合模式。

图 4-25 "画笔名称"对话框

需要注意的是，定义画笔时，选区内有彩色（红、橙、黄、绿、青、蓝、紫色等）和灰色时，定义出来的画笔是半透明的；有黑色时是不透明的；白色则不可用。

4.1.6 图层相关知识

1．图层的含义

图层是用于放置图像的透明画布，所看见的任何文件都是一个或多个图层上图像的叠加。图层是 Photoshop 中很重要的一部分内容。通过调用"图层"面板（快捷键为 F7）可以查看和管理 Photoshop 中的图层。各个图层间，彼此是有层次关系的，层次效果的最直接体现就是遮挡。要养成使用恰当的文字命名图层的习惯，以便于管理和查找图层。

2．图层类型

Photoshop 里的图层大致有以下类型：背景图层、普通图层、文字图层、填充图层、调整图层、3D 图层、视频图层。常见图层类型如图 4-26 所示。可以为图层添加图层样式、图层蒙版、剪贴路径来隐藏局部，或添加链接、整理成组等。

3．图层的基本操作

- 新建图层：单击"图层"面板下方的"创建新图层"按钮▣，可以在当前操作图层上方创建一个透明新图层，也可以按 Ctrl+Shift+N 组合键创建新图层。
- 删除图层：在"图层"面板上拖动图层到"删除图层"按钮🗑上可以删除图层。文件中如果只有一个背景图层，则图层无法被删除。
- 显示与隐藏图层：单击图层下方眼睛图标👁，可以显示或隐藏图层。
- 调整图层顺序：改变图层顺序的方法是在"图层"面板中用鼠标按住图层拖动到上方或下方，拖动过程可以一次跨越多个图层。背景图层只能在底层。
- 设置图层链接：选择多个图层后，单击"图层"面板下方的"链接图层"按钮🔗，可以链接图层或取消图层链接。链接图层可以同时移动。
- 设置图层不透明度与填充：降低不透明度后图层中的像素会呈现出半透明的效果，这有利于进行图层之间的混合处理。拖动"图层"面板上方的不透明度、填充滑块可以设置当前操作图层的不透明度与填充。
- 设置图层锁定模式 锁定：▨ ✎ ✛ 🔒：禁止某些编辑功能对图层的作用。

4．图层的移动、复制、变换

（1）图层的移动。

方法一：使用移动工具➚ 可以移动图层。在移动工具选项栏中勾选"自动选择图层"复选框，便于在多图层文件中快速选择图层。

方法二：使用键盘上的方向键。

（2）图层的复制。

方法一：按下鼠标左键，在"图层"面板上拖动需复制的图层到"创建新图层"按钮▣上，可以复制图层。

方法二：通过复制建立图层（快捷键为 Ctrl+J 组合键）。

方法三：执行菜单命令【图层】|【复制图层】。

方法四：配合 Alt 键移动图层也可以复制图层。

（3）图层的变换。

图像的变换指图像大小、形状的调整，图像变换一般执行菜单命令【编辑】|【自由变化】（快捷键为 Ctrl+T 组合键）。常见的变换类型包括缩放、旋转、扭曲、斜切、透视、水平翻转、垂直翻转七种。

5．图层样式

图层样式是界面设计师的好朋友。在"图层样式"对话框中可以方便地修改与查看效果，如图 4-27 所示，可以对图层设置各种效果，如渐变、阴影、色彩重叠等。

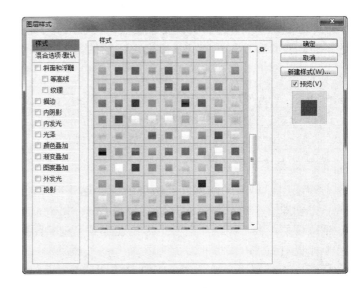

图 4-26　常见图层类型　　　　　　　　图 4-27　"图层样式"对话框

（1）添加图层样式。

方法一：执行菜单命令【图层】|【图层样式】。

方法二：在"图层"面板中双击图层，会弹出"图层样式"对话框。

方法三：在"图层"面板中单击"*fx*"小按钮 **fx**，也可以弹出"图层样式"对话框。单击"图层样式"对话框右上方的"扩展"按钮 ✿.，它的下方有大量的现成样式，如抽象样式、按钮、摄影效果等。逐个选中，系统会询问是"覆盖"或者"追加"，一定要选择"追加"，新的样式图标就会增加到"样式"面板里了。在"样式"面板中可以进行复位、载入、存储、替换图层样式的操作。

（2）复制、粘贴、清除图层样式。

在图层上添加了样式后，可以对它们进行复制、隐藏、清除等基本操作，还可以将图层样式转化成普通图层。

方法一：执行菜单命令【图层】|【图层样式】|【复制/粘贴/清除图层样式】。

方法二：在"图层"面板中右击，在弹出的对话框中进行选择。

（3）转化图层样式为普通图层。

方法一：把图层样式转化成普通图层后，所有图层操作对它仍有效，但不能再修改图层样式。首先选定有图层样式的图层为当前图层，然后执行菜单命令【图层】|【图层样式】|【创建图层】，转化之后图层效果将变为多个图层，这些图层将分为一组。

方法二：在带样式图层的上方新建一个空图层，然后与之合并。

6．图层组

制作过程中有时用到的图层数会很多，尤其在设计网页时，超过 100 个图层也是可能的。这会导致即使关闭缩览图，"图层"面板也会变得很长，查找图层很不方便，所以将图层分组可以提高"图层"面板的使用效率。把相似的图层放在同一个组里，例如可以把网页头部的图层都放到一个文件夹里，这样可以方便修改。

（1）创建图层组。创建新组的菜单命令为【图层】|【新建】|【图层组】，也可以使用"图层"面板的圆三角按钮。不过最常用的方法是单击"图层"面板下方的 ▭ 按钮，都可以打开

"新建组"对话框，如图 4-28 所示，将建立一个空组（在之前所选择图层之上）。图层组可以用图层组名称左边的三角箭头展开或是折叠。

图 4-28　"新建组"对话框

（2）图层编组。为图层编组可以在"图层"面板中将现有的图层拖入组中，也可以先选择图层再新建组。如果在图层组被选择的时候创建新图层，新建图层会自动归入这个图层组。

（3）图层组命名。和普通图层相同，双击图层组的名称可以修改组名。按住 Alt 键双击图层，可以在对话框中修改名称和图层组颜色标志，如图 4-29 所示。如果更改了图层组颜色标志，那么组中所有图层的颜色标志都将统一更改。

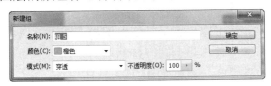

图 4-29　修改图层组属性

（4）图层组的作用。

① 即使组中的各图层没有链接关系，只要选择图层组，里面的图层也可以被一起移动、变换、删除、复制。

② 图层组也具有不透明度的选项。在选择图层组后可以通过数字键快速设定图层组的不透明度。同时图层组也有混合方式，默认为"穿过"。

（5）复制图层组的方法。

① 选择图层组后，按下 Alt 键的同时使用移动工具移动，可以复制图层组。

② 可以将图层组拖动到"图层"面板下方的新建按钮上。

图层组可以是多级嵌套的，在一个图层组之下还可以建立新的图层组，通俗地说就是组中组。还可以将图层组中的所有层合并为一个普通图层，方法是选择图层组后，单击"图层"面板上的圆三角按钮，选择"合并图层组"命令。

7．混合模式

在 Photoshop 中混合模式的应用非常广泛，画笔工具、铅笔工具、渐变工具、仿制图章工具等绘图工具均有使用，其意义基本相同，因此如果掌握了图层的混合模式，则不难掌握其他位置出现的混合模式选项。

Photoshop 中提供了 27 种图层混合模式，如图 4-30 所示，用来控制当前图层和它下面图层之间像素的作用模式。要掌握混合

图 4-30　图层混合模式

模式的使用，最简单的方法就是多看、多对比，先选中要添加混合模式的图层，然后在"图层"面板的【混合模式】菜单中找到自己最满意的效果即可。

图层混合模式与工具的绘图模式大致相同，不同之处在于，当使用某些绘图工具时可以选择"清除"和"背后"模式，而在图层中是没有"清除"模式的。在 Lab 模式的图像中没有颜色减淡、颜色加深、变亮、变暗、差值、排除模式。

4.1.7 蒙版相关知识

1．Photoshop 中蒙版的作用

Photoshop 中的蒙版可以任意更改图像的透明度，但是不会对原图像做出任何修改和破坏，可以随时启用或停用其效果，这是蒙版得到大量应用的一个很重要的原因。很多时候它可以代替橡皮擦工具来使用。

Photoshop 中蒙版的主要作用是抠图、做图的边缘淡化效果、图层间的融合。

蒙版有以下优点。

● 修改方便，不会因为使用橡皮擦工具或剪切而造成不可逆转的遗憾。

● 可运用不同滤镜实现一些意想不到的特效。

● 任何一张灰度图都可用来作为蒙版。

2．图层蒙版的创建

蒙版的创建有两种类型：显示选择蒙版和隐藏选择蒙版。

● 显示选择蒙版：直接单击"图层"面板中的 ▣ 图标，可以为当前图层创建仅显示选择区域图像的蒙版。如果没有选区则默认全图为选区。

● 隐藏选择蒙版：按下 Alt 键的同时单击"图层"面板中的 ▣ 图标，可以为当前图层创建隐藏选择区域图像的蒙版。如果没有选区则全图隐藏。

3．图层蒙版的停用、启用、删除

● 停用蒙版：按下 Shift 键的同时单击"图层"面板中的蒙版缩览图，将出现巨大红色叉号，蒙版停用。

● 启用蒙版：直接单击"图层"面板缩览图，红色叉号变小时，蒙版被重新启用。

● 删除蒙版：在蒙版缩览图上按下鼠标左键，将其拖动至"图层"面板"垃圾桶"图标上，将出现"蒙版删除"对话框，选择"应用"将把蒙版效果永久应用于图像并删除蒙版，选择"不应用"将删除蒙版并恢复原图，选择"取消"则撤销删除操作。

4．图层蒙版的编辑

（1）使用色彩及含义。图层蒙版实质上是通道，因为蒙版编辑只使用灰度色。蒙版上的黑色代表当前图像的透明、隐藏，白色代表当前图像的不透明、显示，灰色代表当前图像有一定程度的透明，灰色越浅越透明。

（2）编辑方法。

● 使用画笔涂抹：创建蒙版后，选择绘画笔工具，设置好画笔形状和大小，直接在蒙版上绘制即可。此法最为灵活，可以适合大多数要求。

● 使用填充：使用纯色、渐变、图案填充都可以。在蒙版上使用渐变填充，可以获得当前图像渐变透明、消隐的效果。使用图案填充可以使当前图案获得图案分割、图案

纹理效果。

- 使用滤镜：几乎所有滤镜都可以在蒙版上直接使用。使用滤镜编辑蒙版可以使当前图像获得随机透明、特殊纹理状透明效果。

（3）色彩指示设置。双击"快速蒙版编辑模式"将出现"快速蒙版选项"对话框，如图 4-31 所示。Photoshop 默认设置是"色彩指示"为"被蒙版区域"，红色，"50%"不透明度。色彩指示区域的不同编辑色彩（灰度色）有不同的含义，一般选择默认设置，以保持与通道色彩含义的一致。色彩指示的颜色一般只有在与图像色彩相近时才另外设置。

（4）色彩含义和编辑方法。

- 色彩含义：白色用于增大选区，编辑的选区不透明；黑色用于减少选区，灰色编辑的选区具有透明度。灰色越深，透明度越大，为黑色时选区完全透明。
- 编辑方法：快速蒙版的编辑方式同图层蒙版的编辑方式，包括画笔涂抹、填充、施加滤镜。

5．蒙版的类型

Photoshop 中蒙版类型有图层蒙版、快速蒙版、剪贴蒙版、矢量蒙版。

（1）图层蒙版。图层蒙版是最常见的一种蒙版，任何一个图层都可以通过单击"图层"面板底部的"添加图层蒙版"按钮来添加图层蒙版，如图 4-32 所示。图层蒙版最大优势是便于合成修改与调色。

图 4-31　"快速蒙版选项"对话框

图 4-32　图层蒙版

（2）快速蒙版。快速蒙版通常用于编辑选区，实现精确选择，在应用特殊滤镜和抠图时也常用到。

按 Q 快捷键可以由正常编辑模式进入快速蒙版编辑模式，同样，再次按 Q 键可以退回到正常编辑模式。进入与退出快速蒙版编辑模式时也可以直接单击工具箱上的"正常编辑模式"或"快速蒙版编辑模式"实现。

（3）剪贴蒙版。剪贴蒙版的使用至少要有上下两个图层。创建方法为执行菜单命令【图层】|【创建剪贴蒙版】；也可以在按住 Alt 键的同时，在"图层"面板上单击图层分割线。相邻的两个图层创建剪贴蒙版后，上面的图层负责内容的展示，下面的图层则负责上面图层展示的范围，如图 4-33 所示狗的图层在圆圈图层之上。剪贴蒙版的应用很广泛，在界面设计中使用频率较高，通常用于一些规范形状的设计，在本文中也会多次出现。在填充与调整图层做调整时，建立剪贴蒙版只会对下面一层起作用。

图 4-33　剪贴蒙版

（4）矢量蒙版。矢量蒙版就是形状蒙版，最大的用处是能自由变换形状，如抠图的路径可以保存为矢量蒙版，以方便后期的调节，如图 4-34 所示。

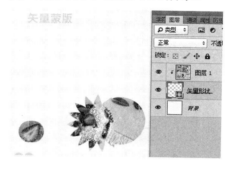

图 4-34　矢量蒙版

4.1.8　擦除类工具的应用

1. 橡皮擦工具

正如同现实中我们用橡皮擦掉纸上的笔迹一样，Photoshop 中的橡皮擦工具就是用来擦除像素的，擦除后的区域将为透明。橡皮擦工具可以选择以画笔笔刷或铅笔笔刷进行擦除，两者的区别在于画笔笔刷的边缘柔和带有羽化效果，铅笔笔刷则没有。"橡皮擦工具"选项栏如图 4-35 所示。此外还可以选择以一个固定的方块形状来擦除。不透明度、流量及喷枪方式都会影响擦除的力度，较小力度（不透明度与流量较低）的擦除会留下半透明的像素。

图 4-35　"橡皮擦工具"选项栏

需要注意的是，如果在背景图层上使用橡皮擦，由于背景图层的特殊性质（不允许透明），擦除后的区域将被背景色所填充。因此如果要擦除背景图层上的内容并使其透明的话，要先将其转换为普通图层。

2．背景色橡皮擦工具

背景色橡皮擦工具的使用效果与普通的橡皮擦工具相同，都是抹除像素，可直接在背景图层上使用，使用后背景图层将自动转换为普通图层。因为背景色橡皮擦工具有"替换为透明"的特性，加上其又具备类似魔棒选择工具那样的容差功能，因此也可以用来抹除图片的背景。

3．魔术橡皮擦工具

魔术橡皮擦工具在作用上与背景色橡皮擦工具类似，都是将像素抹除以得到透明区域，但两者的操作方法不同，背景色橡皮擦工具采用了类似画笔的绘制（涂抹）型操作方式，而魔术橡皮擦则是采用区域型（一次单击就可针对一片区域）的操作方式。

魔术橡皮擦工具的作用过程可以理解为三合一：用魔棒创建选区、删除选区内像素、取消选择。

如图 4-36 所示是"魔术橡皮擦工具"选项栏，其中的"对所有图层取样"如果开启，将对所有图层有效，关闭的话就只能对目前所选择的图层有效；"不透明度"决定删除像素的程度，100%的话为完全删除，被操作的区域将完全透明，减小数值的话就会得到半透明的区域。

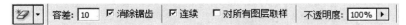

图 4-36　"魔术橡皮擦工具"选项栏

4.1.9　外部素材的载入

素材的使用可以极大地提高工作效率。默认情况下 Photoshop 是单个导入素材的，就是通过相应面板的"载入"命令单个载入，或执行菜单命令【编辑】|【预设】|【预设管理器】，选择合适的类型，载入需要的素材即可。"预设管理器"面板里面可以载入画笔、色板、渐变、样式、图案、等高线、自定形状和工具，如图 4-37 所示。

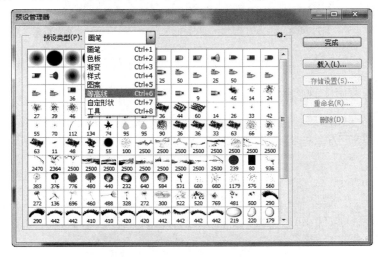

图 4-37　"预设管理器"面板

如果需要批量导入素材的话，只需要把相应格式的素材复制到 Photoshop 的安装目录下对应的位置就可以。下面简单介绍一些素材目录与文件格式。

笔刷：……\Adobe Photoshop\Presets\Brushes，文件格式为.abr。

图层样式：……\Adobe Photoshop\Presets\Styles 文件格式为.asl。

动作：……\Adobe Photoshop\Presets\Actions 文件格式为.atn。

形状：……\Adobe Photoshop\Presets\Custom Shapes 文件格式为.chs。

图案：……\Adobe Photoshop\Presets\Patterns 文件格式为.pat。

色板：……\Adobe Photoshop\Presets\Color Swatches 文件格式为.aco。

渐变：……\Adobe Photoshop\Presets\Gradients 文件格式为.grd。

等高线：……\Adobe Photoshop\Presets\Contours 文件格式为.shc。

滤镜：……\Adobe Photoshop\Plug-ins 目录下新建一个文件夹，然后把.8bf 文件复制到文件夹里就可以了。一些外挂滤镜安装后还需要根据提示输入注册码。

4.1.10 小练手：蒙版

1. 利用图层蒙版实现图像拼接

关键步骤提示：

（1）把粉红色花的图层放置于黄花图层上方，调整好位置。

（2）为粉红色花图层添加图层蒙版。

（3）首先选择黑色画笔，涂抹想隐去的部分，有点像橡皮擦，涂多了，涂错了，过界了，可以选择白色画笔涂回想露出的部分，直到满意为止，如图 4-38 所示。还可以用软笔头把边缘涂得尽量自然，用低透明度涂出若隐若现的效果。

图 4-38　利用蒙版拼接双色花

2. 利用快速蒙版实现抠图

下面利用一个抠图实例的制作来学习快速蒙版。案例主要使用到快速蒙版和画笔工具，即在快速蒙版状态下选择与其直径相适应的画笔涂抹即可，比较容易理解，且操作简单，非常适合初学者。

关键步骤提示：

（1）把素材一"汽车"拖入素材二"旷野"中，并适当调整位置与大小。按 Ctrl+T 组合键进行自由变换；按住 Shift 键的同时，用鼠标左键进行大小缩放的调整，这样能确保正比例缩放，而不会产生变形，如图 4-39～图 4-41 所示。

图 4-39　素材一

图 4-40　素材二

图 4-41　最终合成效果

（2）按 Q 键进入快速蒙版编辑模式，此时系统会在"通道"面板中自动生成一个快速蒙版，如图 4-42 和图 4-43 所示。

图 4-42　将"汽车"放于背景上

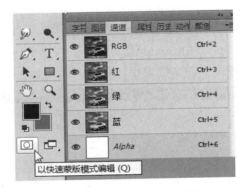

图 4-43　进入快速蒙版编辑模式

（3）在英文输入状态下按下 D 键，设置前景色默认黑色，选择画笔工具，在图像窗口中沿汽车涂抹创建蒙版区（如果涂抹错了，可以再用白色画笔涂回来），效果如图 4-44 所示。

（4）按 Q 键退出快速蒙版编辑模式，回到"图层"面板，按 Delete 键删除选区内（呈蚂蚁线状态）的图像，并按 Ctrl+D 组合键取消选区，效果如图 4-45 所示。

图 4-44　编辑快速蒙版

图 4-45　清除汽车以外的背景

（5）选择橡皮擦工具，设置不透明度为 20%，然后选择大小合适的画笔笔刷，再将多余边缘的背景擦除，修饰成自己满意的最终效果。

4.2　Illustrator

Illustrator 基本操作

矢量图形有可扩展、无分辨率丢失，线条任何尺寸都清晰锐利，可以以高分辨率打印，较小的文件大小，很适合绘图等优点。Illustrator 是界面设计领域绘制图标等矢量元素的首选软件，能满足各种各样尺寸的输出。它是美国 Adobe 公司推出的专业矢量绘图工具，是常用于出版、多媒体和在线图像的工业标准矢量图形软件。它集图形绘制与设计、文字编辑及高品质输出于一体，被广泛应用于平面广告设计、网页图形制作、插画制作及艺术效果处理等诸多领域。强大的功用和简洁的界面设计风格，为线稿提供高精度和控制，适合任何小型设计甚至大型复杂项目，目前已经占据了全球矢量编辑软件中的大部分份额。本书建议使用 Illustrator CC 以上版本。

4.2.1　初识 Illustrator

启动 Illustrator 后，单击"新建文档"按钮，打开"新建文档"对话框，如图 4-46 所示，选择需要的文档大小，输入文档的名称，设置相关参数，创建你的第一个文档。

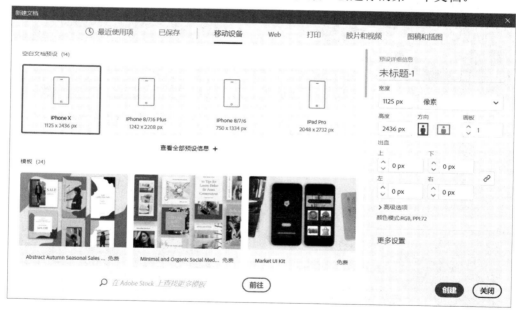

图 4-46　"新建文档"对话框

接下来进入的就是 Illustrator 的工作区，如图 4-47 所示。

初次使用可以对软件进行个性化设置，执行菜单命令【编辑】|【首选项】，在其下级子菜单中有一些设置选项，如图 4-48 所示。如单击"用户界面"选项，为了本书部分插图能更好识别，将用户界面亮度设置为浅色（默认是黑色），如图 4-49 所示。

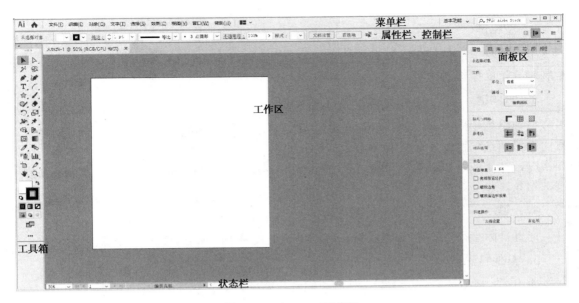

图 4-47　Illustrator 工作区

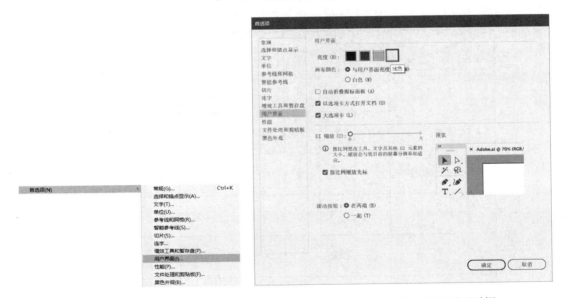

图 4-48　【首选项】设置子菜单　　　　图 4-49　"首选项"用户界面对话框

4.2.2　界面设计常用图形

Illustrator 提供了许多直接绘制几何形状的工具，绘制时有以下常见操作。

1．Shift 键、Alt 键与 Ctrl 键

Shift 键通常表示多个、成倍、正形、相加，Alt 键通常表示从点出发进行的操作或相减，而 Ctrl 键通常表示单个控制。拖曳鼠标的同时，按住 Shift 键，可以绘制正形（如正方形、正圆形、正多边形等）；按住 Alt 键，可以从指定点出发向外绘制形状；同时按住 Shift 键与 Alt 键，则可以从点出发绘制正形。例如，使用星形工具时，按住 Alt 键就可以绘制平肩五角星，按住 Ctrl 键就可以拖动鼠标来调整星星的角的大小，如图 4-50 所示。

2．空格键

拖拽鼠标绘制的同时，按住空格键，可以使绘制对象随鼠标移动位置。

3．方向键

拖拽鼠标绘制的同时，可以通过按键盘上的方向键对所绘的图形参数进行调节，如绘制矩形网格时，按↑或↓可以增减行数，按←或→可以增减列数。

4．~键

拖曳鼠标绘制的同时，按住~键，可以迅速出现跟随鼠标运动轨迹的递增图形。

5．其他特殊键

使用矩形网格工具，拖曳鼠标绘制的同时，按住 C 键，竖向的网格间距逐渐向右变窄；按住 V 键，横向的网格间距逐渐向上变窄；按住 X 键，竖向的网格间距逐渐向左变窄；按住 F 键，横向的网格间距逐渐向下变窄。详见如图 4-51 所示的基本形状的常见绘制方法。

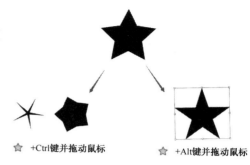

图 4-50　星形工具与 Alt 键、Ctrl 键

工具 ＼ 按键	↓	↑	←	→	~	C	X	V	F
矩形工具	无	无	无	无	（图）	无	无	无	无
椭圆工具	无	无	无	无	（图）	无	无	无	无
多边形工具	（图）	（图）	无	无	（图）	无	无	无	无
星形工具	（图）	（图）	无	无	（图）	无	无	无	无
光晕工具	（图）	（图）	无	无	无	无	无	无	无
直线段工具	无	无	无	无	（图）	无	无	无	无
弧形工具	无	无	无	无	（图）	无	改变凹凸	无	改变方向
螺旋线工具	（图）	（图）	无	无	（图）	无	无	无	无
极坐标网格工具	（图）	（图）	（图）	（图）	（图）	无	无	无	无
矩形网格工具	（图）	（图）	（图）	（图）	（图）	（图）	（图）	（图）	（图）

图 4-51　基本形状的常见绘制方法

利用基本形状工具与【效果】菜单配合，还可以产生更多的有趣形状，如图 4-52 所示就是一些基本形状执行了菜单命令【效果】|【扭曲和变换】|【收缩和膨胀】的效果。

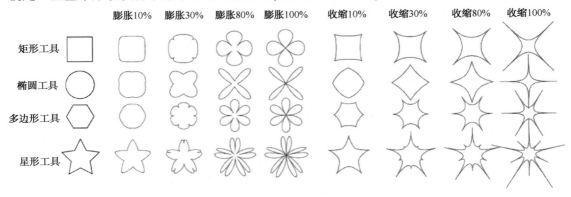

图 4-52　基本形状不同的收缩和膨胀效果

*小练习：请尝试绘制图 4-51 和图 4-52 中的图形。

4.2.3　绘制对象的常用工具

在 Illustrator 中绘制图标使用的基本工具有填充、描边、钢笔、路径查找器、形状生产器、对齐、锚点、圆角、扩展等。

基本形状不同的收缩和膨胀效果

1．选择工具组

- 选择工具（V）：选择、移动、缩放、旋转。
- 显示/隐藏定界框：Ctrl+Shift+B 组合键。
- 直接选择（A）：选择、移动、变形。
- 显示/隐藏边缘：Ctrl+H 组合键。
- 套索工具：自由选择所需的锚点。
- 魔棒（Y）：靠颜色识别，与 Photoshop 的魔棒类似。

2．多个对象编组（解散编组）

- 编组：Ctrl+G 组合键。
- 取消编组：Ctrl+Shift+ G 组合键。

3．扩展与扩展外观

绘制对象的常用工具

- 扩展是针对一个或者一组（没有任何效果）矢量对象而言的，用来将单一对象分割为若干个对象，这些对象共同组成其外观，例如将描边扩展成填充。
- 扩展外观是针对对象的某种效果而言的，效果可以有很多种，如 3D 效果、变形效果、风格化效果、像素化效果、模糊效果等，只有应用了效果的对象才能使用扩展外观。

4.2.4　填色和描边

使用 Illustrator 绘制的矢量对象分为内部填色与轮廓描边两部分。填色和描边都可以使用纯色、渐变与图案，还可以为其设置透明度，其中描边还可更改颜色，可变虚线，可变实线，可改变端点、折角形状。

相关常用快捷键如下。

● 前后互换：X。

● 颜色互换：Shift+X 组合键。

● 默认黑白：D。

4.2.5　直角变圆角

Illustrator 从 CC 2015 版本开始，锚点自带直角变圆角的功能，当图像中有转角的地方出现图 4-53 中的小圆点时，拖动鼠标即可改变圆角角度。默认情况是对所有小圆点一起调节，也可以单击选择某一个进行调节。这个功能为绘制带来很大便捷，特别是在图标设计中运用广泛。

图 4-53　直角变圆角

如果当前工具为直接选择工具，想要得到精确的圆角数据，可以在工具栏的"边角"处输入圆角半径的数据，设置边角样式（包括圆角、反向圆角、倒角）。设置边角样式时，还可以在按住 Alt 键的同时，单击小圆点轮流切换，如图 4-54 所示。

图 4-54　设置边角样式

4.2.6　路径查找器与形状生成器

Illustrator 的路径查找器的形状模式等同于 Photoshop 的布尔运算。布尔运算是通过对绘制的规则形状进行合并、减去、相交、排除等运算得到新的形状。路径查找器下的 4 个形状模式分别是联集、减去顶层、交集、差集，6 个功能按钮分别是分割、修边、合并、裁剪、轮廓、减去后方对象。

相比之下，形状生成器比路径查找器更好用一些。形状生成器可以通过合并或擦除简单形状创建出复杂的形状，它对简单复合路径很有效，可以直观高亮显示所选对象中可合并为新形状的边缘和选区。使用形状生成器，在默认状态下拖动鼠标选择相邻对象，就类似于路径查找器中的联集形状模式；单击对象中间重叠的部分，就类似于路径查找器中的分割形状模式；使用形状生成器时按下 Alt 键，可以将形状生成器变成修剪模式，拖动鼠标划过的地方将被直接删掉，如图 4-55 所示。

*小练习：请尝试绘制 3 个正圆形，并使用形状生成器将它们组合成米奇标志。

*小练习：请尝试绘制 2 个同心圆形，并使用形状生成器将它们变为一个圆环。

4.2.7　通过扩展路径描边让线变成面

　　Illustrator 的钢笔锚点和 Photoshop 中的使用方法一样。路径描边可以通过扩展将线变成面，但是在绘制线性图标时不要把线进行扩展，因为对线进行放大缩小时不会改变线的粗细，但扩展成面后会随着放大缩小而发生变化。如图 4-56 展示了扩展外观前后填色位置的变化：两个图形看似一样，但左边图形是在扩展外观前，图形仅有描边；右边图形是在扩展外观后，则只有填色。

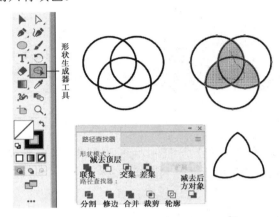

图 4-55　路径查找器与形状生成器

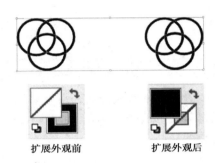

图 4-56　扩展外观前后填色位置的变化

4.2.8　Illustrator 工具箱中的比例缩放工具

　　双击 Illustrator 工具箱中的比例缩放工具，可以打开"比例缩放"对话框，如图 4-57 所示，可以发现，不勾选"缩放圆角"和"比例缩放描边和效果"两个复选框时进行的缩放会改变图形原来的模样；勾选之后，在缩放的同时保持了原有的圆角参数和描边比例。因此，在绘制图标时建议把这两个复选框都勾选上。

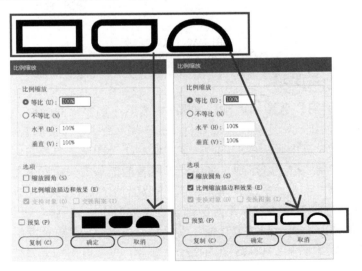

图 4-57　"比例缩放"对话框

小提示：

偏移路径使用方法：执行菜单命令【对象】|【路径】|【偏移路径】。偏移路径区别于等比缩放，可以很好地解决等宽缝隙的间距问题，特别是在各边不一样长的情况下。偏移路径与圆形的间距处处一致，而等比缩放则不一定。在"偏移路径"对话框中，"位移"数值为正数表示向外扩展，为负数表示向内收缩，"连接"样式有斜接、圆角和斜角3种，如图4-58所示。

等比缩放   偏移路径

图4-58   偏移路径与等比缩放

4.2.9   旋转与镜像打造对称图形

在绘制对称图形时，可以只绘制一半，通过镜像（旋转）复制，然后通过对齐、形状生成器等就可以很好地将两部分闭合在一起。如图4-59所示就是利用镜像复制完成从左到右的变化的。

图4-59   镜像复制

4.2.10   图像描摹

在Illustrator中打开一张图片素材。选择画板工具，调整当前画板1的边缘与素材边缘对齐。按住Alt键向右拖动，复制一张该素材，执行菜单命令【对象】|【锁定】|【所选对象】，将副本锁定当作参考。选中画板中的图片，在控制栏上"图像描摹"右侧下拉按钮中选择黑白徽标，再单击"扩展"按钮，得到一张由计算机智能描摹的矢量对象组成的图片。智能描摹的矢量对象需要取消编组才能进行单个编辑，在图片上右击，在弹出的快捷菜单中选择"取消编组"命令，然后选择多余或效果不好的部分直接按Delete键删掉，就得到全矢量对象了。通过与原图对比观察，发现一些细节有损，或者配色不对。这时就需要根据实际情况进行调整或重新绘制了，使用平滑工具在选中的路径上涂抹，可以看出线条发生了变化，即变得平滑了。

4.2.11　小练手：有序图形

1．旋转复制打造玑镂图案

本案例主要利用旋转复制的方法完成制作，对相同的图形使用不同的参数可以产生不一样的规律图形，如图 4-60 所示。

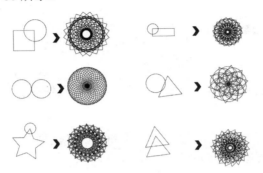

图 4-60　旋转复制打造玑镂图案　　　　旋转复制打造玑镂图案

（1）启动 Illustrator，新建一个文档，设置名称为"有序纹样、玑镂图案"，宽度为 1920px，高度为 1080px，分辨率为 72 像素/英寸，颜色模式为"RGB 颜色，8 位"，背景内容为白色，单击"创建"按钮。

（2）绘制一个或多个对象，并将其全部选中。

（3）按下 R 键，选择旋转工具，按住 Alt 键的同时，将青色旋转中心点移动到合适的地方，并在弹出的对话框中设置相关参数，单击"复制"按钮。

（4）多次按下 Ctrl+D 组合键，重复上一次的旋转复制操作，直到满意为止。

2．混合工具打造有序图形

本案例操作步骤与完成效果如图 4-61 所示。

（1）绘制两个同心圆，设置填色为无，描边为任意颜色。双击工具箱中的混合工具，在弹出的"混合选项"对话框中重新调整参数，如图 4-62 所示。

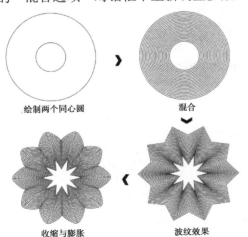

混合工具打造有序图形

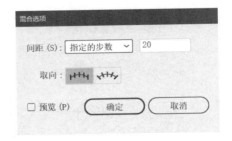

图 4-61　混合工具打造有序图形　　　　　图 4-62　"混合选项"对话框

（2）框选所有同心圆，执行菜单命令【效果】|【扭曲和变换】|【波纹效果】，一边调整"波纹效果"对话框中的参数，一边观察画面变化，直到满意为止，参数设置如图 4-63 所示。

图 4-63　设置波纹效果

（3）在波纹效果的基础上，还可以根据需求和喜好继续打造。执行菜单命令【效果】|【扭曲和变换】|【收缩和膨胀】，参数设置如图 4-64 所示。

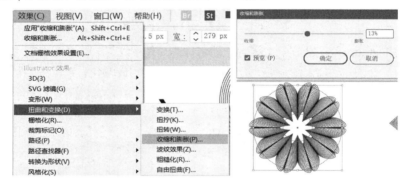

图 4-64　设置收缩和膨胀

3．定义图案画笔打造有序图形

（1）在画板上绘制一条直线，然后执行菜单命令【效果】|【扭曲和变换】|【波纹效果】，得到一条波浪线。接着执行菜单命令【对象】|【扩展外观】，勾选"预览"复选框自行调节参数。按 Alt 键的同时使用选择工具向下拖动复制波浪线，再多次按 Ctrl+D 组合键得到一组波浪线，如图 4-65 所示。

图 4-65　绘制波浪线

（2）执行菜单命令【窗口】|【画笔】，或直接按 F5 快捷键，打开"画笔"面板。使用选择工具，用鼠标拖动选中这组波浪线图案，选中后，图案上就出现一个定界框。按住鼠标左键不放将图案拖到"画笔"面板中，这时候会弹出"新建画笔"对话框，如图 4-66 所示，选择"图案画笔"选项，单击"确定"按钮。

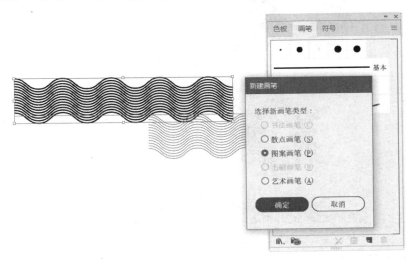

图 4-66　新建图案画笔

（3）单击"确定"按钮后，会弹出"图案画笔选项"对话框，如图 4-67 所示，在这里可以根据需要设置参数。单击"确定"按钮后，可以在"画笔"面板中看到定义的图案画笔。

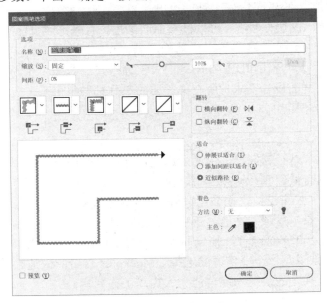

图 4-67　"图案画笔选项"对话框

（4）随意绘制图形，选择刚才定义的图案画笔描边即可，如图 4-68 所示。

（5）利用定义图案画笔的方法，可以尝试定义出各式各样的基础图案，再将其运用到图形中去，将产生很多不一样的效果，如图 4-69 所示。

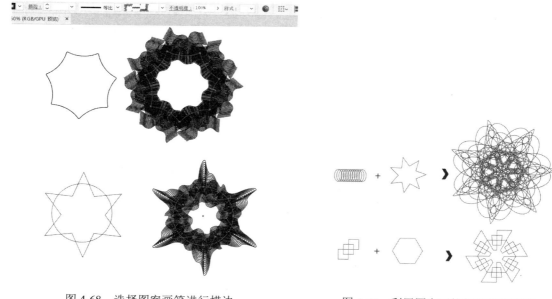

图 4-68　选择图案画笔进行描边　　　　　图 4-69　利用图案画笔打造有序图形

4.3　其他辅助工具

1．Sketch

Sketch 是一款强大的界面设计工具，可以让界面设计变得更简单、更高效。在 Sketch 中，用户能轻松设置"图层"面板，可以批量命名图层、智能标注页面、填充头像和文字等，可以实现多层式填充、渐变、噪点等操作功能。Sketch 还提供"全部导出"功能，因为它是基于矢量图形的，所以可导出 PDF、JPG 和 PNG 等格式。Sketch 还为设计师提供了丰富的插件，能满足不同人群的设计需求，所有你需要的工具都触手可及。但它目前只适用于 Mac 平台，Windows 平台不可用。

2．Mockplus

Mockplus（摹客）是一款简洁、快速的原型设计工具，适合软件团队、个人在软件开发的设计阶段使用，具有低保真、无须学习、快速上手、熟手够用的特点，能够使设计师很好地表达自己的设计，"关注设计，而非工具"。在设计上，Mockplus 采取了隐藏、堆叠、组合等方式，精心安排原本复杂的功能，新手上手很容易，熟手可以够用。软件提供了封装好的 3000 多个图标及 200 多个组件，拖曳即可进行界面设计，学习成本低，无须编写代码，所以对于 UI 设计师来说是一个非常好的选择。Mockplus 自带的快速格子、数据填充及页面流程图功能都是令人兴奋的快捷功能，能大大提高工作效率。

3．墨刀

墨刀是一款在线办公协作平台，集原型设计、线上版 Sketch 设计师工具、流程图、思维导图于一体，支持团队项目实时协作和管理，金融级数据安全保障，还支持私有化部署。在原型设计方面，简单的拖曳即可快速完成产品设计，将更多的时间留给思考；设计尺寸灵活，创作不受限，适配各类移动产品、网页设计、后台管理、小程序、活动原型等；支持高制作、低保真原型，不论是工作交流，还是客户展示，都能完美满足团队需求；在设计方面支持可在线协作的 Sketch，轻松上手不畏创作；便捷的操作体验快速完成设计想象，功能相当强大，让你轻松应对需求；全中文支持，还能与其他工具无缝对接，串联起工作的每个场景；贴心的标注信息，便捷的切图下载，产品开发直接快人一步。

4．Adobe After Effects

Adobe After Effects 简称"AE"，是 Adobe 公司推出的一款关于图像和视频处理的工具。如今动效设计在界面设计中的应用已经越来越广泛，而且国内许多公司开始重视动效设计了，所以作为 UI 设计师，也应该掌握一些动效设计。好的动效设计可以给用户提供一个良好的视觉感受，从而加强与用户之间的交互体验。

AE 可以帮助 UI 设计师对图像和视频进行非常多的特效处理，是一个灵活的基于层的 2D 和 3D 后期合成软件，包含了上百种特效及预置动画效果，可与 Premiere、Photoshop、Illustrator 等软件无缝结合，创建无与伦比的视觉效果。它还借鉴了许多优秀的软件的成功之处，将图像和视频特效合成技术推到一个新的高度。

5．Mark Man

Mark Man（马克鳗）是基于 Adobe AIR 平台的方便、高效的标注工具，可方便地为设计稿添加标注，极大节省设计师在设计稿上添加和修改标注的时间。马克鳗使用起来非常简单，具有双击添加测量，单击改变横纵方向等功能，基本都可以一键完成，支持智能边缘检测、复制粘贴等便捷操作，堪称设计师、页面重构师、前端工程师的必备软件。

第二部分
牛刀小试

第5章 UI界面常用壁纸与控件制作

壁纸制作

5.1 常用壁纸制作

壁纸是各种电子设备中基础的视觉元素，不论是计算机还是手机都会涉及壁纸的设计。壁纸可以与设备的系统主题有配套，也可以单独自由设置。最常见的壁纸有以下几种：摄影像素壁纸、设计构成壁纸、综合图像壁纸。不管什么壁纸，都需要考虑画面尺寸大小，尺寸与分辨率相对合适的图片才能达到最佳的壁纸效果。

5.1.1 摄影像素壁纸

摄影像素类壁纸的使用通常比较简单，直接将照片设置为壁纸即可。设置的时候还可以适当考虑画面的取舍，如图 5-1 所示。

5.1.2 设计构成壁纸

因为构成方式的多样式造就了设计构成壁纸的品类繁多，最常见的设计构成方式有重复构成、渐变构成、发射构成、对比构成等。

图 5-1　摄影像素壁纸

5.1.3　综合图像壁纸

综合图像壁纸更具个性化，如图 5-2 所示。由于根据内容与展示形式又可以细分为很多种类，因此通常会专门有针对性地进行设计与制作。自由设计综合图像壁纸时需要更多地考虑形式感与色彩搭配等因素。

图 5-2　综合图像壁纸

5.1.4　小练手：多种壁纸设计

1．设计构成壁纸

小练手：多种壁纸设计

下面简单地利用 Photoshop 来打造几种设计构成壁纸。启动 Photoshop，执行菜单命令【文件】|【新建】，新建一个文档，设置页面大小，宽为 600px，高为 600px，颜色模式为"RGB 模式"。使用黑色到白色纵向线性渐变填充背景图层，并按下 Ctrl+J 组合键，通过复制图层得到图层 1，如图 5-3 所示。（这里的文档大小、颜色设置仅供制作参考，实际运用时可以根据设备分辨率大小及自己的色彩喜好进行设置。）

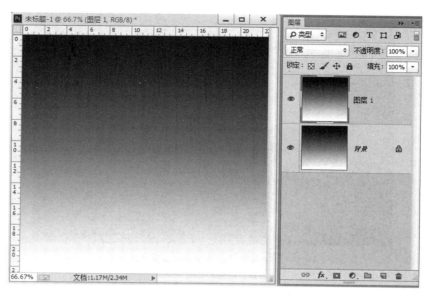

图 5-3　双色纵向线性渐变填充

（1）渐变色块构成壁纸的打造。选中图层 1，执行菜单命令【滤镜】|【像素化】|【马赛克】，根据画面效果调试马赛克，弹出面板参数后单击"确定"按钮，即可得到一张色块渐变的构成壁纸，如图 5-4 所示。

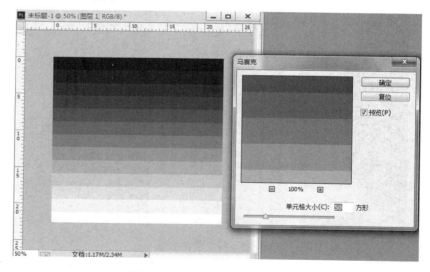

图 5-4　马赛克滤镜打造色块渐变

在此基础上可以再次利用各种方式对画面进行调色处理，这里以色相/饱和度调整图层为例。单击"图层"面板底部的 按钮，在"图层"面板顶端添加一个色相/饱和度调整图层，在其属性里设置各项参数，（注意勾选"着色"选项）调整到自己满意为止，如图 5-5 所示。保存图片为 JPEG 格式，一张素雅的色块渐变壁纸就打造成功了。

（2）同心发射构成的打造。在上述文档中，再次选中"图层 1"，并复制"图层 1"得到"图层 1 拷贝"，"图层"面板如图 5-6 所示。

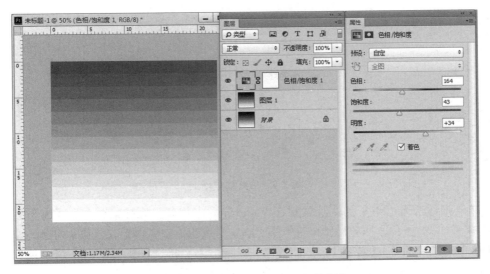

图 5-5　色相/饱和度图层打造色块渐变

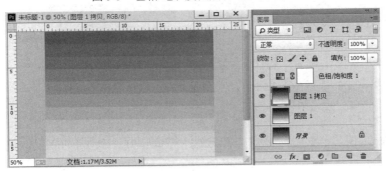

图 5-6　复制图层 1

确保"图层 1 拷贝"图层为当前图层，执行菜单命令【滤镜】|【扭曲】|【极坐标】，选择"平面坐标到极坐标"单选钮，如图 5-7 所示，简单打造出同心发射构成，如图 5-8 所示。

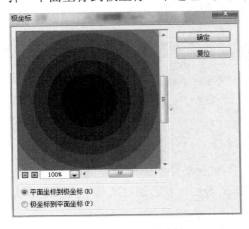

图 5-7　极坐标滤镜

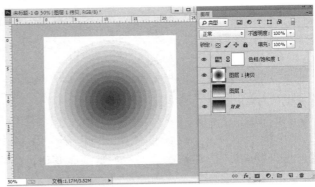

图 5-8　打造同心发射构成

（3）重复构成壁纸的打造。重复构成的壁纸通常选用少数视觉元素，利用一定的规律进行重复排列而成，严谨有序，以静制动，很适合作为平铺壁纸，如图 5-9 所示。

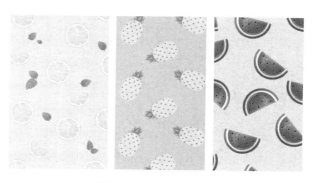

图 5-9　重复构成壁纸

选择一张适合无缝重复的图片素材在 Photoshop 中打开，执行菜单命令【编辑】|【定义图案】，在弹出的对话框中输入名称后单击"确定"按钮，完成自定义图案，如图 5-10 所示。执行菜单命令【文件】|【新建】，在"新建"对话框中直接选择预设的默认值 Web，其大小为 1280×1024（px×px），快速完成文档新建，如图 5-11 所示。

图 5-10　自定义图案

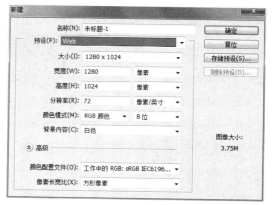

图 5-11　"新建"对话框

双击"图层"面板上背景图层的空白处，弹出"新建图层"对话框后直接单击"确定"按钮，如图 5-12 所示，完成背景图层向普通图层的转换。

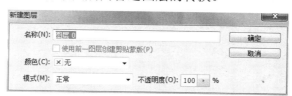

图 5-12　"新建图层"对话框

单击"图层"面板底部的 **fx.** 按钮，给"图层 0"添加图案叠加，参数设置如图 5-13 所示。此时可以一边调整参数一边观察画面变化，直到满意为止。最后保存文件，完成效果如图 5-14 所示。

小提示：

图案填充有两种方式。

（1）执行菜单命令【编辑】|【填充】，选择"图案填充"选项。这种方式填充的图案大

小由图案本身决定，不能在填充时直接调整。

（2）利用图案叠加图层样式进行填充。图案叠加样式填充更加灵活、人性化，在其对话框中可以直接调整图案缩放效果，还可以选择不同的混合模式完成多角度的需要。

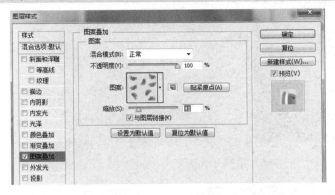

图 5-13　图案叠加参数设置

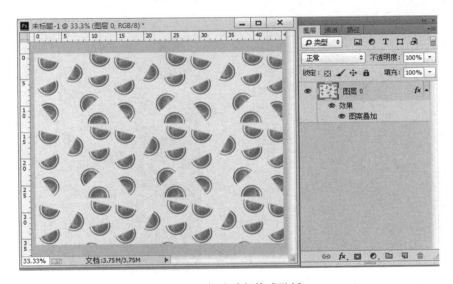

图 5-14　打造重复构成壁纸

2．模糊壁纸

打造照射在透明玻璃窗上的效果作为模糊壁纸，效果如图 5-15 所示。

关键步骤提示：

常见界面模糊壁纸

（1）打开素材图并新建图层，为图层填充白色。

（2）选择橡皮擦工具，把画笔笔尖形状设置为粗糙画笔，对图层进行擦除。

（3）执行菜单命令【滤镜】|【模糊】|【动感模糊…】，根据实际情况进行适当调整。"动感模糊"对话框如图 5-16 所示。

Photoshop 可以打造很多种模糊效果，这些模糊的效果可以轻松地制成一些 App 的闪屏界面，如图 5-17 和图 5-18 所示就是运用了模糊效果的两个 App 的闪屏界面。

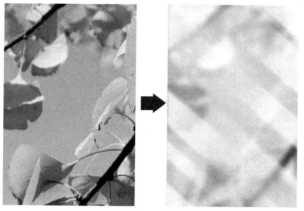

打造照射在透明
玻璃窗上的效果

图 5-15　模糊壁纸效果

图 5-16　"动感模糊"对话框

图 5-17　App 闪屏界面（1）

图 5-18　App 闪屏界面（2）

5.2　常见控件制作

5.2.1　按钮

按钮控件的制作

利用 Photoshop 打造金属渐变质感按钮，效果如图 5-19 所示。

（1）新建文档。启动 Photoshop，执行菜单命令【文件】|【新建】，也可以使用 Ctrl+N 组合键，打开"新建"对话框，新建一个文档，名称为"按钮"，设置页面大小，宽为 600px，高为 600px，颜色模式为"RGB 颜色"，文档填充颜色为#1e2023，如图 5-20 所示。

（2）绘制按钮。选择工具箱中的圆角矩形工具，绘制长为 270px、高为 56px、半径为 50px 的圆角矩形，填充颜色#ff6600，为图层添加内阴影效果，参数设置如图 5-21 所示；

为图层添加描边效果，参数设置如图 5-22 所示。

图 5-19　按钮效果图　　　　　　　　　图 5-20　新建文档"按钮"

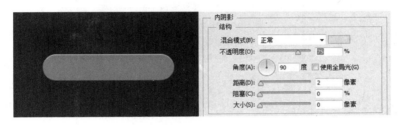

图 5-21　内阴影效果参数设置

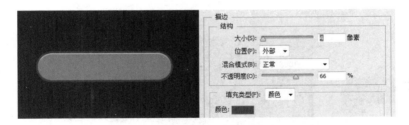

图 5-22　描边效果参数设置

　　按住 Ctrl 键的同时单击"图层"面板中的图层，将图层载入选区，选择渐变工具 ，
新建一个普通图层。进入"渐变编辑器"对话框，设置前景色到透明的线性渐变，将前景色
改为#cccc00，选择线性渐变由上向下拖动，最后输入文字。最终效果如图 5-23 所示。

图 5-23　按钮最终效果

5.2.2　下拉选择框

下拉选择框或下拉菜单的做法与思路差不多，都是类似的元素反复出现，如图 5-24 所示效果，可以理解为设计中的重复构成，也可以理解为软件操作里的复制粘贴并分布对齐。

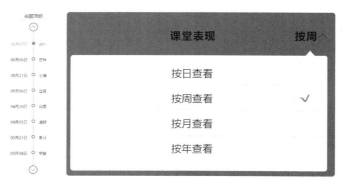

下拉菜单的制作

下拉选择框的制作

图 5-24　下拉菜单效果图

利用 Photoshop 制作下拉选择框，效果如图 5-25 所示。

（1）新建文档。启动 Photoshop，新建一个文档，名称为"下拉选择框"，设置页面大小，宽为 600px，高为 600px，颜色模式为"RGB 颜色"，文档填充颜色为#292c31，如图 5-26 所示。

图 5-25　下拉选择框效果图

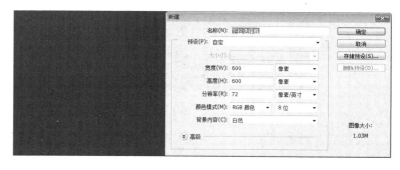

图 5-26　新建文档"下拉选择框"

（2）绘制圆角矩形选框。选择工具箱中的圆角矩形工具，绘制长为 250px、高为 40px、半径为 50px 的圆角矩形，填充颜色为#17181a，为图层添加内阴影效果，参数设置如图 5-27 所示；为图层添加投影效果，参数设置如图 5-28 所示。

图 5-27　内阴影效果参数设置

图 5-28 投影效果参数设置

（3）绘制圆形按钮。选择工具箱中的椭圆工具 ，绘制直径为 29px 的圆形，填充渐变叠加，设置前景色为灰色#949494，背景色为白色#ffffff，选择线性渐变。为图层添加外发光效果，参数设置如图 5-29 所示。选择多边形工具 绘制小三角形，为图层添加投影效果，参数设置如图 5-30 所示。最后输入文字。

图 5-29 外发光效果参数设置

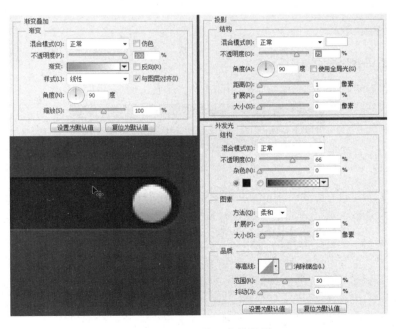

图 5-30 投影效果参数设置

（4）绘制圆角矩形下拉框。选择工具箱中的圆角矩形工具 ，绘制长为 250px、高为 186px、半径为 10px 的圆角矩形，填充渐变叠加，设置前景色为灰色#949494，背景色为白色#ffffff，选择线性渐变，如图 5-31 所示。

图 5-31　渐变叠加参数设置

（5）绘制选中状态。输入文字，选择矩形工具 ■ ，绘制长为 250px、高为 40px 的矩形，填充渐变，设置前景色为灰色#2b91d9，背景色为白色#3fb9ea，选择线性渐变。为图层添加投影和内阴影效果，参数设置如图 5-32 所示。最后完成效果图如图 5-25 所示。

图 5-32　投影和内阴影参数设置

5.2.3　进度条

1. 利用 Photoshop 打造进度条

利用 Photoshop 制作进度条，效果如图 5-33 所示。

利用 photoshop 打造进度条

图 5-33　进度条效果图

（1）新建文档。启动 Photoshop 新建一个文档，名称为"进度条"，设置页面大小，宽为 600px，高为 600px，颜色模式为"RGB 颜色"，文档填充颜色为#292c31，如图 5-34 所示。

图 5-34　新建文档"进度条"

（2）绘制圆角矩形选框。选择工具箱中的圆角矩形工具 ▢，绘制长为 460px、高为 40px、半径为 20px 的圆角矩形，填充颜色为#1c1e21，为图层添加内阴影效果，参数设置如图 5-35 所示；为图层添加投影效果，参数设置如图 5-36 所示。

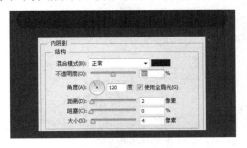

图 5-35　内阴影效果参数设置

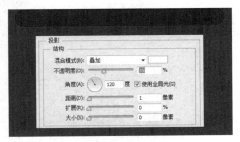

图 5-36　投影效果参数设置

选择工具箱中的圆角矩形工具 ▢，绘制长为 436px、高为 24px、半径为 20px 的圆角矩形，填充颜色为#1c1e21，为图层添加内阴影效果和投影效果，参数设置同上。

复制"圆角矩形 2"，取消所有样式，用直接选择工具将其变形，添加内阴影、投影和渐变叠加效果，参数设置如图 5-37 所示。

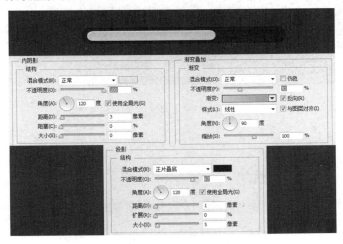

图 5-37　复制的圆角矩形的图层样式参数设置

（3）绘制圆环。选择工具箱中的椭圆工具 ◯，绘制直径为 50px 的圆形，选择路径选择工具 ▸，选择圆形路径，分别按 Ctrl+C 和 Ctrl+V 组合键复制路径，按 Ctrl+T 组合键缩小路径。选择路径选择工具 ▸，同时选中两个路径，选择"排除重叠形状"命令，为圆环添加填充渐变叠加、内阴影、投影效果，参数设置如图 5-38 所示。

在"圆角矩形副本"图层上面新建普通图层，取名为"斜线"。选择画笔工具，选择"方头画笔"，画笔大小为 12px，绘制斜线，对"斜线"图层建立"剪切蒙版"，效果如图 5-39 所示。

2．利用 Illustrator 打造进度条

1）渐变进度条

渐变进度条完成效果如图 5-40 所示。

利用 Illustrator 打造进度条

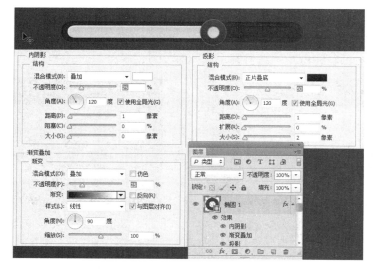

图 5-38　圆环的图层样式参数设置

图 5-39　斜线效果

图 5-40　渐变进度条效果图

（1）选择圆角矩形工具，绘制一个圆角矩形，并为其设置填充为无，描边为灰色。

（2）按住 Alt 键的同时，向下拖动复制该圆角矩形，并将其填充设置为渐变，描边为无。选择橡皮擦工具，按住 Alt 键，使用"块状"模式擦除渐变圆角矩形右半部分，使该渐变圆角矩形右边呈直角切边的状态。使用移动工具适当缩放渐变圆角矩形，使其比之前绘制的圆角矩形略小。

（3）同时选中两个圆角矩形，使用"对齐"面板，靠左水平居中对齐。

（4）为进度条添加数值。选择椭圆工具绘制椭圆形，切换到直接选择工具，选中椭圆形底部的锚点，并使用方向键将其向下轻移到合适位置，将控制栏上的锚点方式设置为"尖凸点"。同时可以使用移动工具适当对其进行缩放。使用文字工具在该水滴形状的内部输入文字。

（5）选中所有组件，右击，在右键快捷菜单中选择"编组"命令将整个进度条的元素编在一个组里，方便后期的使用与编辑。

2）发射状进度条

发射状进度条完成效果如图 5-41 所示。

这种进度条的制作主要使用了重复上一次操作。首先使用圆角矩形工具绘制一个圆角矩形，设置颜色为蓝色。选择工具箱中的旋转工具，按住 Alt 键移动旋转中心到蓝色圆角矩形的正下方。在弹出的对话框中，设置合适的参数，并单击"复制"按钮，得到第 2 个圆角矩形。接下来按 Ctrl+D 组合键 8 次，得到所有的进度条状态。选中其中两个进度条，将其设置为灰色。最后使用文字工具在图形中间输入"80%"。选择所有组件，进行编组，完成该进度条的制作。

3）环形进度条

环形进度条完成效果如图 5-42 所示。

图 5-41　发射状进度条效果图　　　　图 5-42　环形进度条效果图

这个进度条的制作主要使用了形状生成器。首先使用椭圆工具在画面上绘制一个正圆形。再复制这个正圆形，按 Alt+Shift 组合键的同时向中心缩小。框选两个正圆形，使其全部被选中，选择工具箱中的形状生成器工具，单击两个正圆形线条中间的环形部分得到圆环，按住 Alt 键的同时，单击两个正圆形中间的部分使其镂空，最终得到一个圆环。再次选择矩形工具，在圆环左上角绘制一个正方形，使该正方形的右下角与圆心重合。框选所有形状，再次使用形状生成器工具，得到环形部分。双击正方形与圆环的相交部分，设置其为绿色。框选所有对象，进行编组，完成该进度条的制作。

4）现成的进度条符号

打开"符号"面板，挑选进度条的符号（Web 按钮和条形），将其直接拖进画板中，适当拖曳调整大小即可，如图 5-43 所示。如果需要进一步修改，可以在符号控制栏中适当编辑，或单击"断开链接"按钮后自由编辑。符号控制栏如图 5-44 所示。

图 5-43　进度条符号

图 5-44　符号控制栏

5.2.4 TAB切换块

利用 Photoshop 制作的 TAB 切换块的效果如图 5-45 所示。

（1）新建文档。启动 Photoshop，新建一个文档，名称为"TAB 切换"，
设置页面大小，宽为 600px，高为 600px，颜色模式为"RGB 颜色"，填充颜色为#1e2023，
如图 5-46 所示。

TAB 切换块的制作

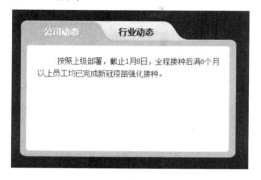

图 5-45　TAB 切换块效果图　　　　　图 5-46　新建文档"TAB 切换"

（2）绘制显示选项卡。选择工具箱中的圆角矩形工具 ，绘制长为 400px、高为 260px、
半径为 10px 的圆角矩形，填充颜色为#ffd200。选择直接选择工具 ，通过添加、移动锚
点对圆角矩形进行变形。为图层添加内阴影效果，参数设置及效果如图 5-47 所示。

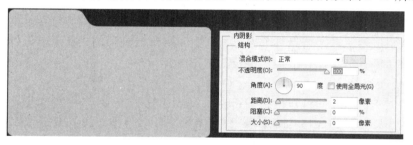

图 5-47　内阴影参数设置及效果（1）

选择工具箱中的圆角矩形工具 ，绘制长为 377px、高为 203px、半径为 5px 的圆角矩
形，填充颜色为#ffffff。为图层添加内阴影效果，参数设置及效果如图 5-48 所示。

图 5-48　内阴影参数设置及效果（2）

（3）绘制隐藏选项卡。选择工具箱中的圆角矩形工具 ，绘制长为 180px、高为 35px、
半径为 10px 的圆角矩形。选择直接选择工具 ，通过添加、移动锚点对圆角矩形进行变形，

作为隐藏选项卡。为图层添加渐变叠加、内阴影效果，参数设置及效果如图 5-49 所示。

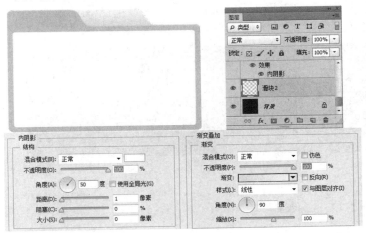

图 5-49　内阴影、渐变叠加参数设置及效果

（4）添加文字。分别为每个选项卡添加文字，为图层添加投影效果，如图 5-50 所示。最终效果如图 5-45 所示。

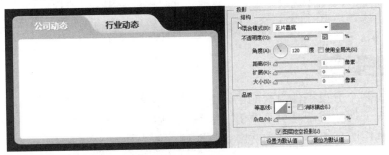

图 5-50　添加文字及投影效果

5.2.5　气泡对话框

利用 Photoshop 制作的气泡对话框效果如图 5-51 所示。

气泡对话框的制作

（1）新建文档。启动 Photoshop，新建一个文档，名称为"不规则对话框"，设置页面大小，宽为 600px，高为 600px，颜色模式为"RGB 颜色"，填充颜色为#1e2023，如图 5-52 所示。

图 5-51　气泡对话框效果图

图 5-52　新建文档"不规则对话框"

（2）绘制气泡对话框。选择自定义形状工具 ，在工具选项栏中选择气泡对话框，绘制图形，通过变换锚点得到新图形，填充颜色为#ff6600，为图层添加内阴影、投影效果、光泽，参数设置及效果如图 5-53 所示。

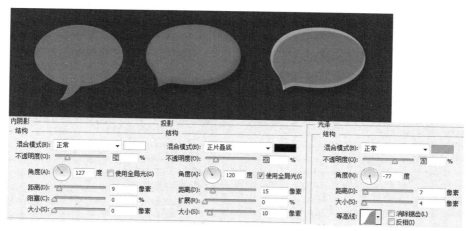

图 5-53　内阴影、投影、光泽参数设置及效果

按住 Ctrl 键的同时单击"对话框"图层，将其载入选区，选择椭圆选框工具 选择"与选区交叉" ，选择渐变工具，设置前景色到透明的线性渐变。添加文字，最终效果图如图 5-51 所示。

5.2.6　步进器

步进器是由两个分段控件组成的，其中一个显示增加的符号，一个显示减少的符号。用户单击一个分段来增加或者减少某个值，但不显示用户更改的具体数值。该控件设计制作起来非常简单，利用圆角矩形工具和文字工具即可，效果如图 5-54 所示。

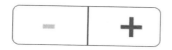

图 5-54　步进器效果图

5.2.7　开关

开关通常有开与关两种状态，为了更好的用户体验，设计时可以使用不同颜色进行区分，以产生良好的交互效果，如图 5-55 所示。利用 Illustrator 操作开关控件的关键步骤如下。

开关的制作

图 5-55　开关（两种状态）

　　开的状态：首先选择圆角矩形工具绘制一个蓝色的圆角矩形，在按住 Shift 键的同时使用椭圆工具绘制一个比圆角矩形小的正圆形，框选两个对象，利用"对齐"面板垂直居中对齐，最后选中正圆形使用左、右方向键轻移其水平位置到合适的位置。

　　关的状态：框选已完成的开的状态按钮，按住 Alt 键的同时向上拖动复制得到一套副本。保持全选状态，双击工具箱中的描边工具，为它们统一设置描边为灰色，描边粗细为 0.25px。选中圆角矩形，为其设置填色为比描边的灰色更浅的灰色。选中正圆形，使用左右方向键轻移其水平位置到靠左合适的位置，形成与开的状态相反的状态。

第6章 图标设计

6.1 图标的设计与制作概述

Illustrator 是设计制作图标的利器，便于小文件、多尺寸的便捷操作。在 Illustrator 中绘制图标使用的基本工具有填充、描边、钢笔、路径查找器、形状生产器、对齐、锚点、圆角、扩展等。

6.1.1 图标设计概述

图标（也称 icon）是标志、符号、艺术、照片的结合体，是图形信息的结晶。图标就是一个符号，一个代表某个对象的符号，一个象征性的符号。

图标是世界上通用的语言，不论国籍、种族、年龄或性别，它是每个人都可以理解的一种语言。看似不起眼的一个小图标可以包含很多信息，从古至今人们一直在使用图标来表达自己以及传达信息，如洞穴绘画、埃及象形文字都可以看作图标。

不同的人对图标的定义是不同的，司机眼中的图标可能是交通指示牌上的指示图形；机械操作员眼中的图标可能是操作面板中按钮的图案；计算机开发人员眼中的图标可能是计算机的桌面图标、文件图标；而对于使用移动设备的用户，图标就是手机中的应用程序。

作为视觉语言，图标没有国界，打破了语言障碍。例如电梯的开关与上下标志、医院中的指示标识等，不需要识字都可以解读。人眼识别图像的速度比阅读文字快得多，对于人而言，视觉感知的确是大脑获得信息最快的途径之一。图标能够快速地传达信息，通过简单快速的查看就可以知道图标中携带的复杂信息。

图标设计需要注意以下几方面。

1．如何做到表意清楚

展示型图标表意要简洁，设计时适当选择主要的元素进行简单地图形衍生。功能相同的图标要选择相同的元素，最好使用用户熟悉的元素，以减少用户的学习成本。

2．如何做到规范统一

- 视觉大小的一致性：在设计图标时，会遇到同样尺寸大小的不同规则的图形出现视觉大小不一致的问题，那么就需要在设计图标之前，提前规定好图标的最大尺寸，当出现上述情况时，可以做适当调整，使得视觉大小达到统一。
- 统一细节与规律：设计时要注意线条粗细统一、圆角统一、像素对齐、断点的规律统一等。
- 饱满度：这里推荐一种衡量饱满度的方法，正负形衡量法，在图标所占区域的矩形框中，看图标的正形的面积是否还可以增加。

3．如何才能突显品牌

突显品牌也有很多途径，比如吸取品牌色、运用吉祥物（美团外卖 App 的 Logo 中的袋鼠形象）、运用品牌 Logo（网易云音乐的"发现"栏目的图标）、提取品牌元素（站酷 App 中"我的"栏目的图标）等。

6.1.2　图标的背板

在不同的主题中，界面中的图标通常连同背板一起出现，图标背板是统一整套图标的根本，如图 6-1 所示为相同背板的系列图标。图标背板的基本形状有圆形、矩形、多边形等，如图 6-2 所示。界面中图标的最终效果通常是由第三方图标与背板通过一定的效果组合而成的，如图 6-3 所示。

图标背板

图 6-1　相同背板的系列图标

图 6-2　图标背板的基本形状

图 6-3　第三方图标+背板+效果=最终效果

6.1.3　图标的分类

打开任意一个界面，无论是网页还是 App，都不难发现其中图标是不可或缺的元素。在界面设计中，图标分功能图标与应用图标，如图 6-4 所示。应用图标通常是很多 App 的启动图标，功能图标则是 App 中的不可点击的展示图标与可点击的按钮图标。

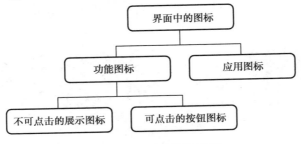

图 6-4　界面中的图标分类

1．从符号学角度分

（1）图像图标。图像可以把用户的思维感知与真实世界的实物进行关联。图像图标就是利用实体物品说明用途，可以直译图像含义的图标。这种用法的识别度最高，如保卫萝卜游戏、计算器、日历、电池医生等，如图 6-5 所示。

图 6-5　图像图标

很多 App 或游戏的图标就是利用操作方式或代表性的图形来展现的，如水果忍者、CuttheRope、FIFAgame、Asphalt5、FaceFighter，如图 6-6 所示。内容类图标展示的内容多为游戏应用，这类应用更需要给用户展示尽可能多的游戏玩法和内容。

图 6-6　内容类图标

（2）表意图标。图标的表意方式大概可以分为以下几种：具有普识性的图标、可进行表意延伸的图标、通过组合的图标、抽象的需要关联的图标。

普识性图标即我们在现实生活中常见且具有常识性的图标，如删除、添加、放大、搜索、笔记本、手机、眼睛、礼物等图标。这类图标重点在于形体的打磨上需要多花一些时间，从不同的角度进行尝试，以删除图标为例，同样的造型可以有不同的设计表现。

表意延伸的图标即一个事物可以被延伸为一个或多个图形表现的图标，如点赞、浏览、设置、收藏、评论、事件等图标，点赞延伸为你很棒，用大拇指来表达；游戏延伸为游戏手柄；设置延伸为机械操作，用齿轮来表达；评论延伸为对话，用对话框来表达；浏览延伸为眼睛的图标来表达。

组合型图标主要指该类图标的表意需要通过两个以上的图形进行组合才能准确进行表现，如群、群聊、好友、添加联系人、情侣、转账、红包等图标。

抽象类图标特指需要被二次创造出来的图标，一般在一些新生业务中会出现。这类图标初期往往需要伴随文字一同出现，如微信的朋友圈、视频号、小程序、蓝牙等图标。

（3）比喻类图标。这类图标用其他物体让人们产生对应用的联想，如影片播放器、计算器、LiveSketch、todo、K 歌之王等，如图 6-7 所示。

图 6-7　比喻类图标

这类图标往往会在效率类、聊天类、健康类的应用中使用，因为这些类型的图标往往都比较抽象，所以需要利用更多人们熟知的形象和物品来为应用内容做隐喻，让用户能够联想到其里面的内容，而无须看简介。

（4）象形图标。象形是运用抽象思维、信息可视化的方式描述事物间的关系的。这种类型的图标稍微有点复杂，通常，表意文字是基本的形状，但它们的含义需要一些学习成本，如×意味着错误，√意味着正确，还有加（+）、减（−）、等于（=）这些常见表意符号。通常情况下，象形图标会和表意图标组合来传达正确的信息，如"添加文档"图标通过象形图标"文档"和表意图标"+"来展现，如图 6-8 所示。

（5）标志类图标。这类图标利用本身已有产品或已经深入人心的标志来展现，如 UNIQLO、凯立德移动导航、列车时刻表查询、虚拟人生 3、掌中新浪等图标，如图 6-9 所示。

图 6-8　象形图标和表意图标的组合使用　　　　图 6-9　标志类图标

严格意义上讲，这种类型并不属于图标的范畴，但由于人们对其已经印象深刻，所以在应用图标中可以借助这种"印象"来阐述应用内容。对于一些已经有一定用户基础的公司或应用，使用这种方式更加合适。

2. 从绘制风格分类

图标的分类相对比较复杂，没有一个统一的标准。从设计绘制方式的角度，按照图标的风格进行分类，可分为扁平化图标与拟物写实化图标。扁平化图标又分为剪影图标（单色图标）与填色图标（多色图标）。填色图标基本都是基于线性图标、面性图标、线面结合图标的衍生设计。图标风格的具体分类如图 6-10 所示。

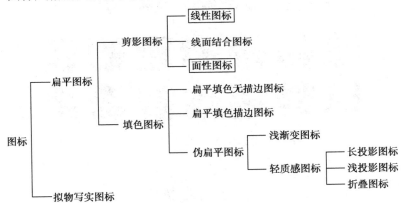

图 6-10　图标风格分类

在 Illustrator 中，对象有两个属性，即填色与描边，制作线性图标与面性图标时可以简单、直接地进行操作。如图 6-11 所示的 4 个图标，线性图标仅设置了描边效果，无填色；面性图标仅设置了填色效果，无描边。如图 6-12 所示的图标则是利用了颜色的反转形成了线面结合图标。所以只要设计制作好了基本的剪影图标，就迈出了很大一步，线性、面性图标能够快速地转换。如图 6-13 所示正是同一套图标形状实现的不同表现风格。如图 6-14 所示是照相机图标的线性、填充、单色、扁平化、手绘风格与拟物化表达。

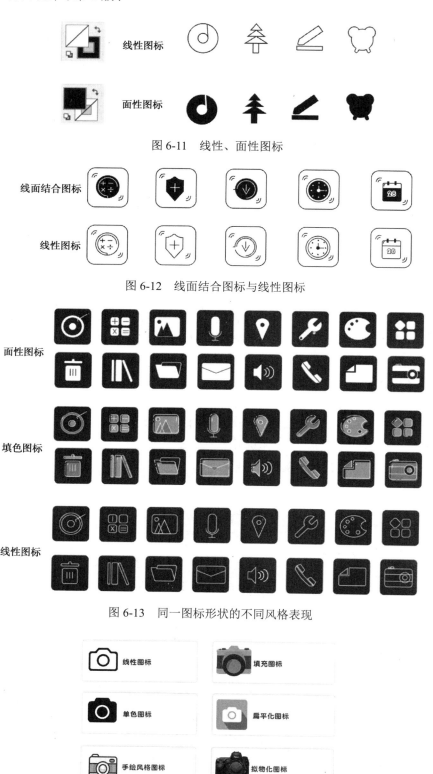

图 6-11　线性、面性图标

图 6-12　线面结合图标与线性图标

图 6-13　同一图标形状的不同风格表现

图 6-14　6 种常见的图标风格

6.1.4　图标的规格

1．图标的尺寸规范

图标有大有小，有时同一个图标也需要导出多种大小，如图 6-15 所示。创建图标时所要遵循的重要规则是保证整套图标的统一。如果为 iOS 和 Android 系统设计制作图标，首先应该确保图标尺寸符合设计规范，然后再确定图标大小。如果为某个网站制作图标或者只是练习，那么请使用预设大小：16×16，24×24，32×32，48×48，64×64，72×72，96×96，128×128，256×256，512×512。单位为 px×px。

72×72　　　　64×64　　　　48×48　　　　32×32　　　　24×24　　　　16×16

图 6-15　图标的不同尺寸（单位为 px×px）

> **小提示：**
> 初做图标，请尽量避免使用过小的图标尺寸，因为文件越小设计起来越困难。

iOS 与 Android 是目前市场占有率最高的两大系统，设计上来说，这两个系统有些应用程序越来越通用了，但由于 Android 系列有众多设备，一个应用程序图标需要设计几种不同大小，如：

- LDPI（Low Density Screen，120 DPI），其图标大小为 36px×36px。
- MDPI（Medium Density Screen，160 DPI），其图标大小为 48px×48px。
- HDPI（High Density Screen，240 DPI），其图标大小为 72px×72px。
- xhdpi（Extra-high density screen，320 DPI），其图标大小为 96px×96px。

建议在设计过程中，在四周空出几个像素点使得设计的图标与其他图标在视觉上一致，如：96px×96px 图标可以将画图区域大小设为 88px×88px，四周留出 4 个像素用于填充（无底色）；72px×72px 图标可以将画图区域大小设为 68px×68px，四周留出 2 个像素用于填充（无底色）；48px×48px 图标可以将画图区域大小设为 46px×46px，四周留出 1 个像素用于填充（无底色）；36px×36px 图标可以将画图区域大小设为 34px×34px，四周留出 1 个像素用于填充（无底色）。

虽然图标有很多的尺寸大小，但对于设计与制作影响不大，在 Illustrator 里也可以利用菜单命令【文件】|【导出】|【导出为多种屏幕所用格式】导出不同格式。如图 6-16 所示，在"导出为多种屏幕所用格式"对话框的"格式"区域有专门针对 iOS 与 Android 系统的不同选项。

2．网格的使用

图标的网格系统是将图标网格视为一组用于在整个图标集中保持一致性的规则。很多精致的图标都在使用网格进行规范化设计，如图 6-17 和图 6-18 所示分别为 Android 与 iOS 系统的图标网格示意图，可以运用到实际绘制工作中去。

图 6-16 "导出为多种屏幕所用格式"对话框

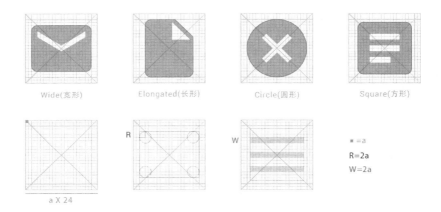

图 6-17 Android 系统图标网格示意图

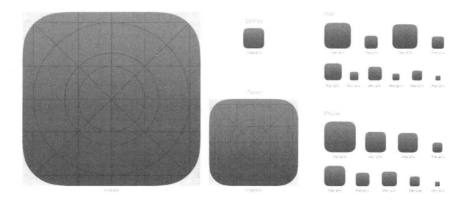

图 6-18 iOS 系统图标网格示意图

3．图标设计的响应式考虑

响应式图标并不是说图标大小会随屏幕尺寸的变动而改变，而是意味着图标会根据自己所处设备来改变自身大小，具备自适应的功能。这就意味着屏幕尺寸对图标来说不是那么重要了，因为图标能自动调节，它可以变大变小。图标设计上的差别不会太明显，一般都是细节问题。

6.1.5 图标的统一性

不同的界面主题会给人不同的印象，统一性的图标设计是让界面主题达成主要印象的最主要因素。图标设计不仅是代表真实对象的图形符号，更是一种独特的语言，其中每个图标都具有专属的意义。但是，当它们结合在一起时，才会传达一整套的信息，与受众展开真正的对话。

坚持一种风格，听起来很容易，然而这是整套图标设计中最关键的一点，如果想制作出色、精致并且统一的图标，应先确定统一的风格样式，然后再开始制作。一旦决定使用一种风格时，就要遵循这种风格制作所有的图标。

注意尺寸，保证整套图标的尺寸一致，不仅能够将图标置于相同的方形框架内，同时视觉上应该看起来平衡，这里要注意圆形、方形、三角形的视觉平衡。网格的使用有利于保持图标尺寸的统一。

使用一些相同（相似）的元素，如相同的背板、相同的圆角、相同的边框粗细等，会使图标集合看起来更加统一。多个图标中的相同局部，只需复制即可。

选择一套配色方案，将它们添加到色板中，然后尽可能地使用相同的配色方案，不要为了某个图标的好看而使用过多的色彩，图标的清晰度和识别度比美观更重要。

6.2 线性图标

6.2.1 利用Illustrator打造线性图标

线性图标是主要以"线条感"呈现的视觉形式，可通过提炼图形的轮廓来进行设计。这种风格的图标不仅可以用于 App 图标的设计，同时也可大量用于界面内的标签导航图标。线条有粗细、曲直、虚实之分，辅以颜色将产生丰富的变化，不同的线条可以表达不同的情感。总体来说，线性图标的设计就是在线条上做文章。

利用 Illustrator
打造线性图标

在 Illustrator 中主要通过路径绘制来打造线性图标，无填色，只设置描边的粗细与颜色即可。在本节，我们会熟悉线性图标设计的基本流程和简单规范，熟悉并灵活使用 Illustrator 图形处理工具进行各种图标的绘制与制作。

1．绘制草图

根据需要在草稿纸上绘制草图（见图 6-19），便于快速地形成设计思路。

图 6-19　绘制草图

2．新建文档

（1）启动 Illustrator，新建一个文档，设置名称为"线性图标"，宽度为 600px，高度为 800px，颜色模式为"RGB 颜色，8 位"，背景内容为白色，栅格效果为屏幕（72ppi），预览模式使用默认值，单击"创建"按钮，如图 6-20 所示。

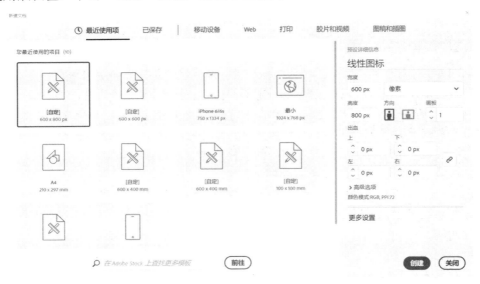

图 6-20　新建文档

（2）执行菜单命令【编辑】|【首选项】|【单位】，将单位都设为像素。执行菜单命令【编辑】|【首选项】|【参考线与网格】，设置网格线间隔为 1px，次分隔线为 1，如图 6-21 所示。

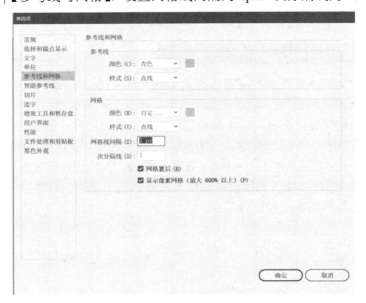

图 6-21　设置首选项

（3）执行菜单命令【文件】|【置入】，将绘制的草图置入文档中，放置在合适的位置，便于绘制时查看，完成图标绘制后删除即可。（此步骤可以忽略。）

3．设置网格

为了更方便地使用像素级工作流创建图标，应先设置一个好用的参考网格，便于更好地控制形状的绘制，以及与更多版本的软件通用。参考网格可以帮助设计时确定尺寸和保持创建对象的一致性。

（1）打开"图层"面板，建立两个图层，并重命名图层 1 为"参考网格"。

本案例以实际的 Android 系统为基础，图标采用 96px×96px 的大小，所以应先建立一个 96px×96px 的定制网格，周围用 4px 居内描边。

> **小提示**：将描边设置为内侧对齐，便于尺寸的计算。本节所有描边默认内侧对齐。

（2）选定"参考网格"图层，使用矩形工具创建一个 96px×96px 的正方形，设置无填色，描边颜色为浅灰色（#CCCCCC），描边粗细为 4px。这样正方形内部 88px×88px 的范围将作为绘图区域，如图 6-22 所示。

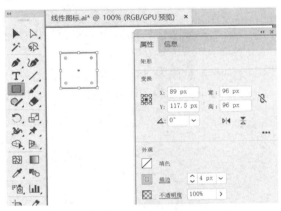

图 6-22　绘制正方形

（3）使用选择工具，按住 Alt 键的同时，拖动复制，得到 7 个正方形副本，再全选所有正方形，使用控制栏上的"对齐"面板将所有正方形分布排列成合适的模样。将"图层"面板上该图层的锁定状态打开，如图 6-23 所示，这样可以有效避免后续操作中不小心选择或修改到这些参考网格。

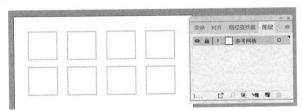

图 6-23　锁定"参考网格"图层

4．管理图层

（1）在"参考网格"图层上方建立两个图层，一层命名为"文字"，另一层命名为"图标"。

（2）使用文字工具在"文字"图层内输入图标对应的名称，完成后将"文字"图层也锁定起来，如图 6-24 所示。

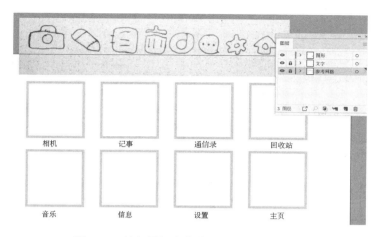

图 6-24　输入图标文字并锁定"文字"图层

5．创建相机图标

选定"图标"图层，放大第一参考网格，在其内部完成相机图标的绘制。相机图标主要由矩形和圆形构成。

（1）使用圆角矩形工具绘制一个宽度为 88px、高度为 56px、圆角半径为 14px 的圆角矩形，使用黑色向内描边，并将它与下面的画图区域中心对齐，如图 6-25 所示。

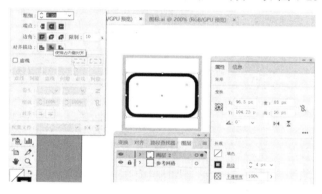

图 6-25　精确绘制矩形

（2）使用同样的方法，在圆角矩形的上方绘制一个宽度为 40px、高度为 40px、圆角半径为 14px 的圆角矩形，如图 6-26 所示，将两个图形水平居中对齐。

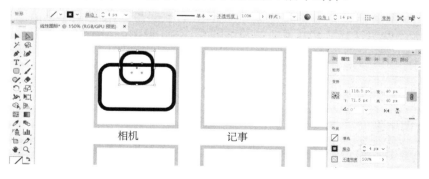

图 6-26　居中对齐两个圆角矩形

（3）按住 Alt 键，拖动复制绘制好的形状到一旁，作为基本元素备用，为后续制作图标做准备。再使用形状生成器工具将相机参考框内的图形联集在一起，得到相机外形，如图 6-27 所示。

（4）选择椭圆工具在相机外形的内部绘制一个正圆形，框选所有对象，右击，在右键快捷菜单中选择"编组"命令，并适当调整位置，完成相机图标的制作，效果如图 6-28 所示。

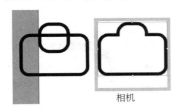

图 6-27　联集得到相机图标外形　　　　图 6-28　相机图标效果图

6．创建记事图标

选定"图标"图层，在"记事"对应网格内部完成图标的绘制。记事图标主要由矩形和三角形构成。

（1）使用圆角矩形工具绘制一个宽度为 40px、高度为 65px、圆角半径为 14px 的圆角矩形。使用多边形工具绘制一个三角形（使用鼠标拖曳多边形的同时按"↓"方向键可以减少边数），如图 6-29 所示。同时选中两个对象，使用控制栏上的"对齐"面板设置水平居中对齐，并适当调整二者的关系，让三角形与圆角矩形边缘相切。

（2）使用直线工具，按住 Shift 键在圆角矩形的上半部分绘制一条水平线。为了更好地观察，三个对象采用了不同的颜色，如图 6-30 所示。

（3）框选记事图标网格内部的所有对象，使用形状生成器工具进行形状修剪与合并，得到近似铅笔头的模样，如图 6-31 所示。

（4）为了让图标有整体统一感，选择直接选择工具（俗称"小白工具"），对笔尖部分适当进行圆角化处理，如图 6-32 所示。框选所有记事图标对象，进行编组并逆时针旋转 45°，统一设置描边颜色为黑色，完成记事图标的制作，效果如图 6-33 所示。

图 6-29　绘制基本图形　　　图 6-30　绘制水平线　　　图 6-31　形状修剪与合并

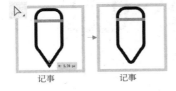

图 6-32　圆角化处理　　　　　　　　图 6-33　记事图标效果图

7．创建通信录图标

通信录图标主要由矩形和直线构成，需要多次用到对齐。

（1）使用圆角矩形工具在通信录对应网格内部居中绘制一个宽度为 40px、高度为 40px、圆角半径为 14px 的圆角矩形，如图 6-34 所示。

（2）使用直线工具绘制左边两条模拟铁线圈的短线，并将两条线编组在一起，统一设置描边端点为圆头端点，如图 6-35 所示。

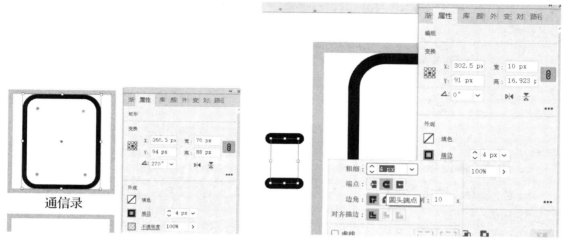

图 6-34　绘制圆角矩形　　　　　　　　图 6-35　绘制模拟铁线圈的短线

（3）选中两条线与圆角矩形，在控制栏上设置水平左对齐，让两条线位于矩形左边缘的中间，如图 6-36 所示。

（4）再次利用直线工具绘制 3 条水平线，先设置垂直居中分布，再进行编组，将它们放置到圆角矩形内部，完成通信录图标的制作，如图 6-37 所示。

8．创建回收站图标

回收站图标与通信录图标有相似元素，可以采用复制修改的方式制作。

（1）复制整个通信录图标到回收站图标网格内，选中左边两个线条并删掉。将剩余图形顺时针旋转 270°，适当调整三根线条的长度及圆角矩形的长宽比例，如图 6-38 所示。

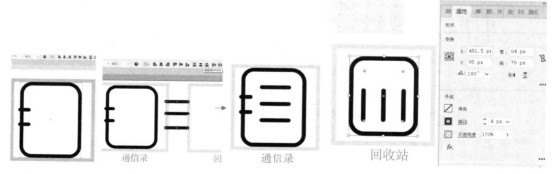

图 6-36　对齐　　　　图 6-37　通信录图标效果图　　　　图 6-38　复制通信录图标并修改

（2）使用橡皮擦工具，按下 Alt 键采用"块状"擦除，在矩形上部分拖动擦除其中一块区域，将图标分成两个部分，如图 6-39 所示。

（3）使用椭圆工具，按下 Shift 键，在顶部绘制一个正圆形。选中图标的上半部分设置水平居中对齐，如图 6-40 所示。

（4）使用形状生成器工具，合并顶部图形，并适当调整细节，完成回收站图标的绘制，效果如图 6-41 所示。

图 6-39　"块状"擦除　　　　图 6-40　绘制正圆形并对齐　　　　图 6-41　回收站图标效果图

> ***小技巧：** 使用橡皮擦工具时，按住 Shift 键，呈"直线"擦除；按住 Alt 键，呈"块状"擦除。可以在图形上拖出一个矩形，松开后，矩形的位置就被擦除了。橡皮擦工具的使用效果如图 6-42 所示。"块状"擦除不仅对单个对象有效，对多个对象也可以使用，如图 6-43 所示。

图 6-42　橡皮擦模式　　　　　　　　图 6-43　"块状"擦除多个对象

9．创建音乐图标

音乐图标主要由直线和圆形构成。

（1）使用椭圆工具，在音乐图标网格内绘制一个宽度为 88px、高度为 88px 的正圆形。按下 Ctrl+C 组合键复制，再按下 Ctrl+F 组合键同位粘贴，得到一个正圆形副本，同时按住 Alt+Shift 组合键向中心缩小副本，得到一个合适的同心圆。统一为两个圆设置描边为 4px，效果如图 6-44 所示。

（2）使用直线工具在小圆形的右边绘制一条直线。这里需要很精细地做好对齐。按下 Ctrl+ "+" 组合键，放大视图，仔细查看并调整直线的位置与长短，做到底部与小圆形刚好相切，顶部与大圆形刚好相接左边，完成音乐图标的绘制，如图 6-45 所示。

图 6-44　绘制同心圆　　　　　　　　图 6-45　音乐图标效果图

10．创建信息图标

信息图标与音乐图标视觉感觉较为相似，基本形都为圆形。

（1）拖动复制音乐图标中的大圆形到信息图标网格内。

（2）使用星形工具绘制一个三角形，框选三角形与圆形，在控制栏上设置水平右对齐与垂直底对齐，如图 6-46 所示。

（3）使用形状生成器工具进行修剪、合并，得到如图 6-47 所示的图形。

（4）此时右边凹进去的部分显得过于尖锐，不利于效果的统一，所以选择直接选择工具拖曳凹进去部分的小白点，使图形圆滑，如图 6-48 所示。

图 6-46　设置对齐

图 6-47　形状修剪、合并

图 6-48　圆滑调整

（5）选中通信录图标内部的一条直线，拖动复制到信息图标中，如图 6-49 所示。调整好位置后再次向下复制，完成信息图标的制作，效果如图 6-50 所示。

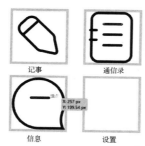

图 6-49　拖动复制

图 6-50　信息图标效果图

11．创建设置图标

设置图标可以采用旋转再制的方法完成，其基本形为圆形和圆角矩形。

（1）使用圆角矩形工具绘制一个宽为 18px、高为 88px 的圆角矩形，描边属性与整套图标统一，如图 6-51 所示。

图 6-51　绘制一个圆角矩形

（2）双击旋转工具，设置角度为 45°，单击"复制"按钮后，再按下 Ctrl+D 组合键 3 次，得到如图 6-52 所示右边的图形。

图 6-52 旋转、复制

（3）使用椭圆工具，同时按住 Alt+Shift 组合键从图形中心出发拖曳出一个正圆形，框选所有对象，打开"路径查找器"面板，单击"联集"按钮，将所有对象合并，得到设置图标的外形，如图 6-53 所示。

（4）使用椭圆工具在图形正中间绘制一个正圆形，完成设置图标的制作，效果如图 6-54 所示。

图 6-53 联集得到设置图标外形

图 6-54 设置图标效果图

12．创建主页图标

主页图标的基本形为圆形、三角形与矩形的简单组合。

（1）分别绘制出三角形与矩形，并调整好位置大小，确保上下左右与网格对齐，如图 6-55 所示。选中二者，使用形状生成器工具将它们联集在一起。

（2）使用直接选择工具对各个顶点适当进行圆角化处理，得到主页图标的外形，如图 6-56 所示。

（3）复制设置图标中间的圆形到主页图标内部，完成主页图标的制作，效果如图 6-57 所示。

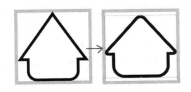

图 6-55 绘制基本形

图 6-56 主页图标外形

图 6-57 主页图标效果图

至此，完成了 8 个图标的绘制，整体查看还可以对一些细节进行调整，再次全选"图标"图层上的所有对象，设置描边粗细为 4px，如图 6-58 所示，严格保持统一性。最终效果如图 6-59 所示。

图 6-58　统一描边　　　　　　　　　　　　图 6-59　最终效果

6.2.2　多种线性图标风格

多种线性图标风格

在 6.2.1 节的基础上，通过设置不同的线条粗细、颜色、描边样式，还可以打造出更丰富的效果。

1．多种粗细风格的线性图标

通常要制作多种粗细风格的线性图标，可以在图形内部选择某条线段，修改其描边值，如图 6-60 所示。

图 6-60　多种粗细风格的线性图标

打开制作好的线性图标文件，将图标全部复制一份，之前我们统一使用了 4px 粗细的描边，现在通过将所有图形内部元素的描边修改成 1px 的粗细，就得到了如图 6-61 所示的效果。

> **小提示：**
> 修改多个对象为统一效果时，除了单个逐一设置，还可以使用吸管工具，先选中一个设置好的对象，再按住 Alt 键，将吸管变为滴管，依次单击需要变化的对象即可。吸管工具除了可以吸色，还可以复制字体、字号及样式。

根据实际情况可能出现如图 6-61 所示音乐图标内部的瑕疵问题，所以针对小的细节需要耐心检查调整。针对这个音乐图标就需要重新对齐。

但如果图形只有外轮廓，没有内部元素，就无法融入这个风格的特征，如图 6-62 中的放大镜图标与心形图标等。所以在设计成套图标时，需要保证它们包含内部元素。常见的处理方法是在原图标的基础上，丰富内部细节，注意图 6-62 中上、下图的变化。

图 6-61　外粗内细图标　　　　　　　　　　　　图 6-62　丰富内部细节

2．多种颜色风格的线性图标

1）多色描边风格

多色描边风格设计起来非常简单，更改图标内部或局部的色彩即可。和多种粗细风格一样，如果图形中没有比较合适的线段来添加一个新的颜色，那么也可以对其进行复杂化的处理，增加一些细节。

有了颜色的变化，图标会有更多的效果。例如，可以改变图标内外线条颜色的色相、明度、饱和度，甚至透明度，来增加视觉冲击力与观赏性。如图 6-63 所示，改变色相就是将案例中的图标内外分别设置成黄色与橙红色；改变透明度，就是先设置为同色描边，再统一降低内部描边颜色的透明度。如图 6-64 和图 6-65 所示的图标也是采用了两种不同颜色进行搭配。

图 6-63　颜色变化　　　　　　　　　　　　　　图 6-64　双色线性图标（1）

如果想有一些更有趣的表现，可以将图标强行拆分成若干线段，然后再替换其中一条线段的颜色。例如，在优惠券图标中，可以将虚线左侧的描边修改成其他颜色，而不是调整虚线的颜色，如图 6-66 所示。

图 6-65　双色线性图标（2）　　　　　　　　　图 6-66　不同配色方式

2）线性+纯色填充风格

线性+纯色填充就是在绘制好的图标的基础上，既做描边又填充颜色，形状表现主要以描边的线条为主视觉，如图 6-67 所示。

3）线性+渐变填充风格

线性+渐变填充就是将线性+纯色填充的纯色填充部分替换为渐变填充，描边的线条依然为主视觉，如图 6-68 所示。

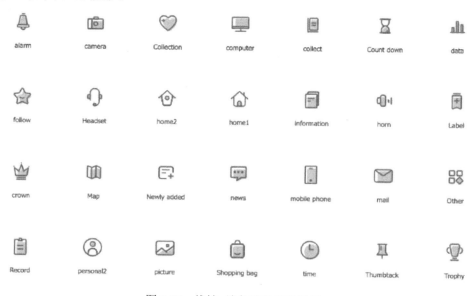

图 6-67　线性+纯色填充风格图标

图 6-68　线性+渐变填充风格图标

4）渐变描边风格

渐变描边其实就是为描边填充渐变色，需要提前将图标的图形进行轮廓化描边，然后将所有线段联集，才能统一为描边填充渐变色，否则会有细节上的不统一，如图 6-69 所示。

在渐变描边风格中，要遵守的一个原则就是要保证渐变的方向和明暗关系是一致的。例如，使用 45°倾斜的渐变角度，并且左上角颜色较深，那么所有图标都应该遵循这个规律，如图 6-70 所示。

图 6-69　渐变描边图标

图 6-70　统一渐变方向

5）描边叠加风格

描边叠加风格类似半透明的丝带交叠的效果，通过两种不同的不透明颜色填充，或半透明重叠，或图层混合模式可以实现，如图 6-71 所示。通过两种不同的不透明颜色填充的效果最好，半透明重叠或图层混合模式制作出来的图标可能会因为实际使用背景的差异，效果与预期不符。

图 6-71　描边叠加风格图标

这类图标处理的细节在于拼接处的对齐和整形，通常在线条有明显转折处进行叠加。但也有看不出明显转折的图形，最特殊的就是圆形。叠加可以通过形状生成器工具将交集部分独立出来（如图 6-72 中的心形图标），也可以添加一些形状（如图 6-72 中的矩形图标和圆形图标）。

图 6-72　叠加细节处理

6）断线描边风格

第一种方法是使用剪刀工具增加锚点并删除局部。打开制作好的基础线性图标，使用剪刀工具在需要做断线的路径上增加多个锚点，再删除锚点之间的小线段即可，如图 6-73 中的第一排图标。

第二种方法是使用路径橡皮擦工具直接擦除局部路径，如图 6-73 中的第二排图标。

图 6-73　断线描边风格图标

6.3 面性图标

面性图标

6.3.1 面性图标设计制作思路

简单地说，面性图标就是看上去"面"感十足，不同于点与线，面性图标的块面比较大，如图 6-74 所示。在 Illustrator 中绘制时，可以简单理解为填色与描边的交换。面性图标通常是只有填色没有描边，所以面性风格图标与线性图标二者可以快速转换。在面性图标中，没有可以统一设置粗细的描边，所以一套图标中可以通过使用相同的元素去达到统一。

图 6-74　面性图标

6.3.2 多种面性图标风格

1. 基本面性风格

如图 6-75 所示，可以使用线性图标中的样式，设计成面性的效果，这样操作相对省力，只需将基础线性图标中的描边替换为填色，再使用对应的路径查找器工具即可。

图 6-75　基础线性图标与基础面性图标对比

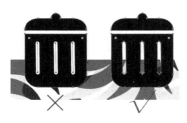

图 6-76　镂空处理

如图 6-76 所示删除图标内部的竖条，应该是镂空的状态，即可以将粗线条进行扩展，并使用形状生成器工具将其与外部黑色圆角矩形一起减去顶层。所以图中刻意在底层放置了一张带有花纹的图片，大家可以清楚地看到左图是实心的白线，而右图是镂空的。

注意，面性图标不代表完全不能出现线性元素，在一些特定的情况下，依旧要通过线条的形式展现图形轮廓，如搜索图标的镜片，使用全填充的样式显然效果不理想，所以镂空镜片区域是不可避免的。

2. 扁平填色风格

扁平填色风格实际上是一种自由度非常高的图标风格，可以设计出很多有趣又极具创意的插画式图标，如图 6-77 所示。

图 6-77　基础面性图标与扁平填色图标对比

　　最基础的扁平填色风格，就是在面性图标的基础上，将图形拆分成不同面的组合，然后分别为这些面填充纯色。如图 6-78 中的心形图标，看起来像是只有一个面的图形，但如果人为地将它居中分割成两个面，然后填充同色系、不同明度的两种颜色，就可以得到一个扁平填色风格的图标。

　　又如，类似搜索或消息图标一类有镂空区域的图标，如图 6-79 所示，就可以为镂空区域填充不同的色彩，使其作为独立的面呈现，也能实现相同的风格。

图 6-78　双色填充的心形图标

图 6-79　镂空处理

　　最后一种，就是将图标写实化，如眼睛图标，如图 6-80 所示，用接近真实眼睛的样式来创作，为它增加瞳孔、高光等细节，只要依旧使用纯色填充，且将细节数量保持在合理的范围内，就不会与其他图标产生冲突。

图 6-80　增加图标细节

3．彩色渐变风格

　　在面性图标的彩色渐变中，有多种更细致的设计类型，如整套图标采用同一渐变色，或者图标中不同的面采取不同的渐变方式。整套图标使用同一渐变色的做法，和线性图标的渐变方法几乎一样，只要在开始填充渐变前将所有图层进行合并即可。根据颜色的不同，可以呈现出多色渐变、双色渐变、同色渐变、不同透明度渐变、透明叠加等不同的效果，依次如图 6-81 至图 6-84 所示。

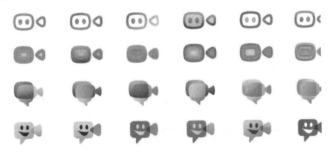

图 6-81　多色渐变图标

4．透明叠加风格

　　透明叠加的设计风格和线性图标中的叠加设计方式一样，需要将图形拆分成若干面，才能创造出重叠的区域，如图 6-85 所示。在这个风格中，图标尽可能使用纯色，会比使用渐变的效果更好，原因在于对重叠区域色彩的控制上。可能很多读者看到这个风格，会以为叠加的区域只要控制透明度就可以了，但这样做通常效果很不理想，尤其在配色为撞色时，相交部分的色彩就会有朦胧感，缺少通透的舒适性，并且图形本身的饱和度也会受到影响，如图 6-86 所示。

图 6-82　双色渐变图标　　　　　　　　　　　　图 6-83　同色渐变图标

图 6-84　不同透明度渐变图标　　　　　　　　　图 6-85　透明叠加图标

通常，相交区域的色彩要另外配置，也就是在绘制好图形的所有轮廓以后，将它们一起选中，然后使用图像生成工具，为相交的区域单独选择配色。如图 6-87 所示就是单独挑选的两个配色和透明度的效果对比。

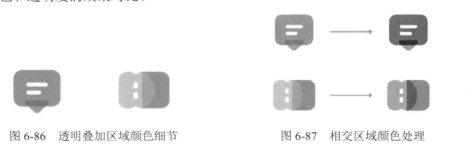

图 6-86　透明叠加区域颜色细节　　　　　　　　图 6-87　相交区域颜色处理

6.4　2.5D图标

6.4.1　利用Illustrator打造2.5D图标

在 Illustrator 中制作 2.5D 图标，通常会使用 3D 效果。先绘制好基本形，再利用 3D 的凸出与斜角，扩展外观后再根据需要进行调整制作。如图 6-88 所示的 2.5D 图标就是直接利用基础面性图标，通过 3D 效果得来的。

2.5D 图标

图 6-88　面性图标与 2.5D 图标对比

接下来，利用之前制作的基础面性图标进行 2.5D 图标的打造。

（1）打开基础面性图标，检查图标是否整体，是否镂空，如图 6-89 所示。为了更好地观察，可以在底部绘制一块其他颜色的色块帮助检查。

图 6-89　检查面性图标镂空等细节

（2）发现图标中有一些多余的白色元素，使用魔棒工具单击白色就可以选中画板中全部白色，再执行菜单命令【对象】|【扩展外观】，将这些白色元素对象化，如图 6-90 所示。

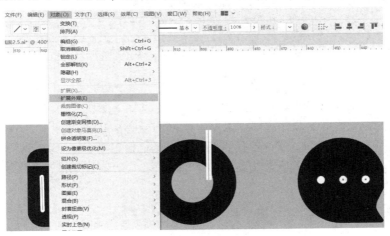

图 6-90　扩展外观

（3）利用形状生成器工具把多余的部分删掉，得到一个个完整的镂空图标，并更改所有图标的颜色为浅蓝色（只要不是黑色即可），因为黑色在 3D 效果中不能很好地识别，如图 6-91 所示。这时可以删掉底部检测用的色块了。

图 6-91　镂空图标

（4）接下来开始 3D 效果的制作。为了更好地对比效果，可以将基础面性图标复制一套副本。首先选中相机图标，执行菜单命令【3D】|【凸出与斜角】，在"3D 凸出和斜角选项"

对话框中先勾选"预览"复选框，再设置适当的参数，特别是凸出厚度与底纹颜色可以根据画面需要进行设置，如图 6-92 所示，单击"确定"按钮后，就得到一个简单的 2.5D 图标了。

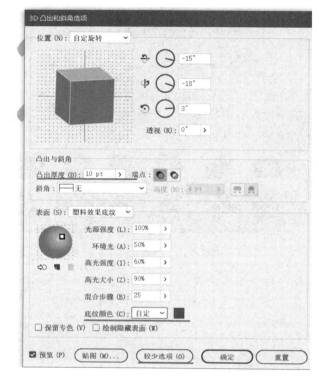

图 6-92　设置凸出与斜角

（5）框选剩余的所有图标，执行菜单命令【效果】|【应用"凸出和斜角"】，即可直接运用相机图标的 3D 效果参数，这样可以简单地得到一套 2.5D 的图标，如图 6-93 所示。但是这样做导致每个图标的细节或许不是最令人满意的，如记事本、垃圾桶和信息图标中间的镂空效果就很不明显，这时就需要重新调整。如图 6-94 所示就是把记事本和垃圾桶图标中间的镂空扩大之后再做的 3D 效果。

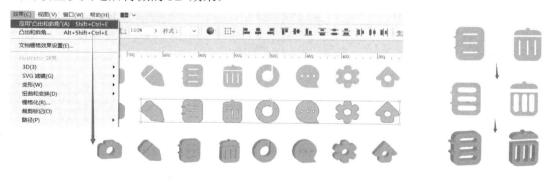

图 6-93　应用"凸出和斜角"　　　　　　　　图 6-94　面性→镂空→3D

通过应用 3D 效果，可以简单地得到平面图形的立体效果，再通过扩展外观、取消编组等系列操作，就可以进一步对图标进行其他创意设计了，如图 6-95 所示就是在 2.5D 图标基础上设计的线性渐变效果。

图 6-95 线性渐变 2.5D 图标

6.4.2 使用Photoshop打造2.5D图标

在 Photoshop 中制作 2.5D 图标，通常会使用斜面与浮雕图层样式快速达成效果。先绘制好基本形，最好是基础面性图标，如图 6-96 所示，再添加斜面与浮雕等图层样式，产生微立体的 2.5D 效果。不同图标适当更改叠加颜色即可产生更丰富的效果，如图 6-97 所示。

图 6-96 绘制图标基本形   图 6-97 添加图层样式后的图标

6.5 MBE图标

MBE 风格的设计采用了更大、更粗的描边，相比没有描边的扁平化风格图标，MBE 图标去除了里面不必要的色块，更简洁、更通用、易识别。粗线条描边起到了对界面的绝对隔绝的作用，突显内容，表现清晰，化繁为简。2015 年，法国设计大神 MBE 在 dribbble 网站上首创了这个风格，后来 MBE 风格风靡全 球，如图 6-98 所示是 dribbble 网站主页上的一些作品，其特点包括断点线条、深浅色彩关系、图形装饰及图形溢出等。后来网友都把此类风格称为 MBE 风格。

MBE 图标

在 Illustrator 中 MBE 图标的制作方法也很简单，如图 6-99 所示展示了绘制细节。绘制时只需要将断线描边与填色图标的方法进行结合即可。简单地说，设计 MBE 图标要掌握好以下要点。

（1）有断点的圆头粗线描边；

（2）错位的色块；

（3）固定的点缀图案，如圆圈、加号、烟花这 3 种最为常见；

（4）颜色以鲜艳的补色、对比色、邻近色、同类色为主。

图 6-98　dribbble 网站作品

图 6-99　MBE 图标设计要点

6.6 利用Photoshop打造拟物化图标

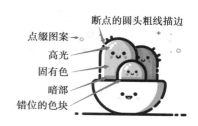

利用 Photoshop 打造拟物化设计风格图标，完成效果如图 6-100 所示。

利用 Photoshop
打造拟物化图标

1．建立背景

（1）新建背景文档。启动 Photoshop，新建一个文档，名称为"玻璃图标"。设置页面大小，宽为 600px，高为 600px，颜色模式为"RGB 颜色"，如图 6-101 所示。

图 6-100　拟物化图标效果图

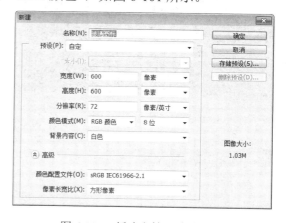

图 6-101　新建文档"玻璃图标"

（2）设置背景效果。设置前景色为#0076d2，背景色为#001747，选择渐变工具 ▣，进入"渐变编辑器"对话框，设置前景色到背景色的径向渐变，由底部向上拉出渐变，如图 6-102 所示。

2．绘制瓶塞

（1）绘制瓶塞。选择椭圆选框工具 ◯，绘制顶部的椭圆形，设置前景色为#e8b72c，背景色为#452a08。选择渐变工具 ▣，设置前景色到背景色的线性渐变。新建一个普通图层

，命名为"顶部椭圆"，由左向右拉出渐变。选择矩形选框工具 ，绘制瓶塞中间部分选区，在选区中右击，在右键快捷菜单中选择【变换选区】|【透视】命令。再选择椭圆选框工具 ，在工具选项栏中选择选区相加 ，进行底部弧度的绘制，效果如图 6-103 所示。

图 6-102　径向渐变

图 6-103　绘制瓶塞

选择渐变工具 ，选择前景色到背景色的渐变。添加色标，设置色标颜色。新建一个普通图层 ，命名为"中部梯形"，由左向右拉出渐变，如图 6-104 所示。

图 6-104　梯形的渐变

选择"顶部椭圆"图层，载入选区，再选择"中部梯形"图层，按 Delete 键删除。复制"中部梯形"图层，变换大小并移动位置，按 Ctrl+G 组合键进行编组，命名为"瓶塞"，"图层"面板如图 6-105 所示。

（2）给瓶塞添加杂色。在"图层"面板上分别为"顶部""中部""底部"这 3 个图层执行菜单命令【菜单】|【滤镜】|【杂色】|【添加杂色】，弹出"添加杂色"对话框，如图 6-106 所示。

图 6-105　"图层"面板

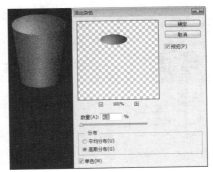

图 6-106　"添加杂色"对话框

3．绘制瓶体

（1）绘制瓶体。选择椭圆选框工具 ，绘制椭圆形并填充白色，调整填充为 10%不透明度为 10%，选择 为图层添加内阴影，参数设置如图 6-107 所示。

选择圆角矩形工具 ，绘制大小为 180px×215px、圆角半径为 50px 的圆角矩形，命名为"瓶体"。通过直接选择工具 对锚点进行位置变换，得到如图 6-108 所示效果图。按

Ctrl+J 组合键复制当前图层，按 Ctrl+T 组合键缩小复制层，如图 6-109 所示。

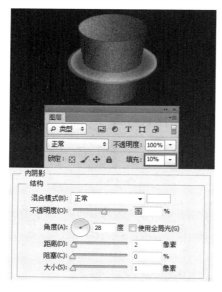

图 6-108　变换

图 6-107　内阴影参数设置

图 6-109　缩小复制层

　　将复制图层载入选区，隐藏"瓶体副本"图层，回到"图层"面板中选中"瓶体"图层，按住 Alt 键添加图层蒙版，对"瓶体"图层添加投影效果，如图 6-110 所示。

　　选中"瓶体副本"图层，通过直接选择工具 对锚点进行位置变换，得到瓶体里面的液体形状，将"瓶体副本"的名称改为"液体"，设置不透明度为 100%，填充颜色为#94ea22，并为其添加内阴影和内发光效果，如图 6-111 所示。

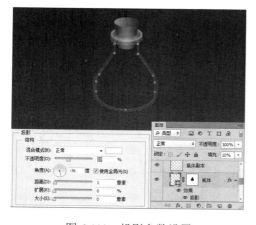

图 6-110　投影参数设置

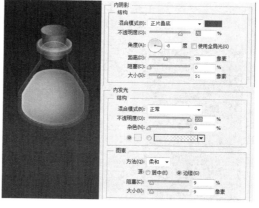

图 6-111　内阴影和内发光参数设置

小提示：

1. 批量显示或隐藏图层

如果想显示或隐藏多个图层，除了一个一个地单击，也可以在图层前面的眼睛图标上单击并在这一列上拖动鼠标。

2. 隐藏其他图层

按住 Alt 键，单击图层前面的眼睛图标，可隐藏除这个图层外的所有图层。

分别用椭圆选框工具 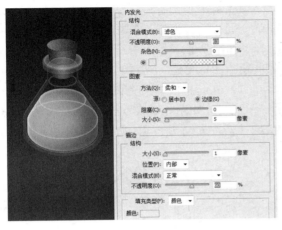 绘制 3 个椭圆形，按住 Ctrl+T 组合键调整透视，并为图层添加描边和内发光效果，调整大小，如图 6-112 所示。

（2）添加高光。新建"高光"图层组，在其下新建"高光带""高光点"两个图层。在"高光带"图层中，通过多边形套索工具 建立选区，并填充白色，调整填充为 33%，如图 6-113 所示。

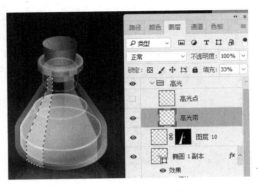

图 6-112　3 个椭圆形图层样式效果

图 6-113　绘制高光带

在"高光带"图层中，使用渐变工具 ，设置前景色（白色）到透明的径向渐变，对高光部分添加高光。按 Ctrl+E 组合键合并文件，复制整个组，按 Ctrl+T 组合键垂直翻转变成倒影，并添加蒙版适当处理为渐隐效果。在瓶体投影上方新建图层并绘制一个黑色到透明的径向渐变椭圆，增加空间感，如图 6-114 所示，完成本案例的制作。

图 6-114　倒影

拟物化图标拓展：金属按钮

拟物化图标拓展：DVD 光盘图标

6.7　延伸阅读与练习

6.7.1　利用Illustrator批量导出图标

（1）启动 Illustrator，执行菜单命令【文件】|【打开】（快捷键为 Ctrl+O），打开一个需要切片的文件。

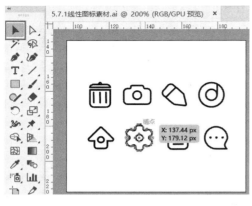

图 6-115　检查编组情况

（2）检查单个图标是否已组成一个编组（最好使用第一个选择工具进行检验），如图 6-115 所示。

（3）如果检验的结果是已编组，就是单个图标全部选中的状态；如果编组混乱，或没有编组，就必须先将单个图标进行编组，使用选择工具对准单个图标进行框选，右击，在右键快捷菜单中选择"编组"命令，如图 6-116 所示，编组好每个单独的图标再进行切片。

（4）框选文档中所有图标，或使用 Ctrl+A 组合键全选，如图 6-117 所示。执行菜单命令【对象】|【切片】|【建立】，如图 6-118 所示。

图 6-116　"编组"命令

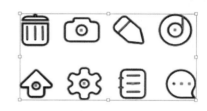

图 6-117　全选

（5）生成切片线条，可以查看到单个切片线条的大概分布情况，略浅颜色的切片是自动生成的，略深颜色的切片则是之前选中的编组对象，如图 6-119 所示。

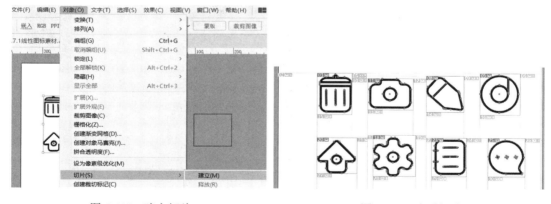

图 6-118　建立切片　　　　　　　　　　　　　　图 6-119　查看切片

（6）执行菜单命令【文件】|【导出】|【存储为 Web 所用格式（旧版）】，如图 6-120 所示。

在"存储为 Web 所用格式"对话框中，选择存储的格式；设置导出的类型为"选中的切片"（软件默认导出类型为所有切片），单击"存储"按钮，如图 6-121 所示。选择保存的位置，单击"保存"按钮。这时出现一个提示"存储的某些文件的名称包含非拉丁字母，这些名称与某些 Web 浏览器和服务器不兼容。"，直接单击"确认"按钮即可（如果是用在网站上的图标，建议将 Illustrator 文档命名为英文字符）。这时在存储的文件上可以看到多了一个"图像"文件夹，这个文件夹内就是刚刚导出的图标，如图 6-122 所示。

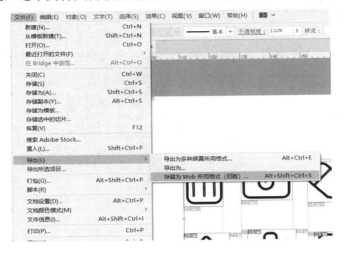

图 6-120　【导出】菜单

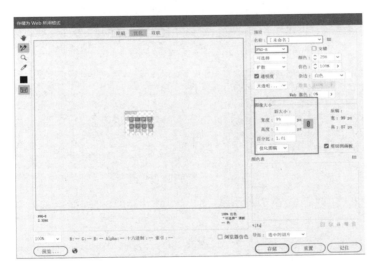

图 6-121　"存储为 Web 所用格式"对话框

图 6-122　导出的图标文件

小提示：
1. 如果导出类型为"所有切片"，那么背景也被分别保存了下来。
2. 如果没有将单个图标进行编组，生成的图像也将是零碎的片段。

6.7.2 拓展练习：利用Photoshop打造扁平化图标

扁平化设计风格是当下最热门的设计手法之一，主要包括常规扁平化、长投影、投影式、渐变式 4 种风格。本练习将利用 Photoshop 轻松打造多种效果的扁平化图标，如图 6-123 所示。

利用 Photoshop 打造扁平化图标

图 6-123　4 种扁平化风格图标

1．常规扁平化图标

（1）新建背景文档。启动 Photoshop，新建一个文档，设置页面大小，宽为 990px，高为 290px，背景色为# ccffff。

（2）绘制图形。使用前景色#6022d1 绘制圆角矩形工具，如图 6-124 所示。

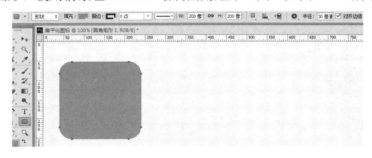

图 6-124　绘制圆角矩形

使用自定义形状工具，颜色为#ffffff，在圆角矩形的中心创建圆环与正方形，完成常规扁平化图标的制作，如图 6-125 所示。

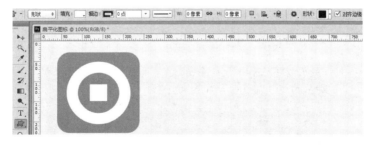

图 6-125　完成常规扁平化图标绘制

2．长投影化图标

（1）绘制常规扁平化图标（方法同上）。

（2）绘制长投影。选择“圆环”图层，按 Ctrl+J 组合键复制当前图层，执行菜单命令【编辑】|【自由变换】，出现变换定界框，使用方向键“→”“↓”将“竖线条副本”图层向右下方轻移 4px 左右，并按下 Enter 键确定。

连续多次按下再次变换快捷键 Ctrl+Shift+Alt+T，直到得到如图 6-126 所示的效果。

（3）编辑长投影。选中所有的圆环，复制图层，单击"图层"面板右上角的黑三角，在展开的菜单中选择"合并图层"命令，将选中的图层合并为一个图层，命名为"长投影"，选择比圆角矩形略深的颜色，添加颜色叠加样式（#0cb9b9），效果如图 6-127 所示。

图 6-126　绘制长投影

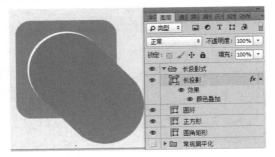

图 6-127　编辑长投影

小提示：

Photoshop 中的图形图层集体合并后，仍然是可编辑图形。合并图层快捷键为 Ctrl+E 组合键，能把选中的图层进行快速合并。

移动"长投影"图层到"圆角矩形"图层的上方，在"图层"面板中右击，在右键快捷菜单中选择"创建剪贴蒙版"命令，如图 6-128 所示为完成圆环的长投影制作。

中心正方形的长投影制作方法同上，不再赘述。完成的长投影图标效果如图 6-129 所示。如图 6-130 所示也是利用这种办法在 Photoshop 中打造的长投影风格图标。

图 6-128　创建剪贴蒙版

图 6-129　长投影图标

图 6-130　长投影风格图标

3．渐变式图标

（1）绘制常规扁平化图标（方法同上）。

（2）添加渐变叠加样式。复制"圆角矩形"图层，然后将其移动到图层顶端，设置填充为 0%。使用钢笔工具删除一些锚点，然后拖曳一些锚点到中心，如图 6-131 所示。

为复制后的图层添加正片叠底图层样式，设置不透明度为 20%，缩放为 100%，如图 6-132 所示。为原"圆角矩形"图层也添加正片叠底图层样式，设置不透明度为 10%，缩放为 100%，完成渐变式图标的制作，如图 6-133 所示。

图 6-131　绘制半块圆角矩形

图 6-132　渐变叠加-正片叠底图层样式

小提示：

上移图层至顶端快捷键：Ctrl+Shift+]

下移图层至底端快捷键：Ctrl+Shift+[

上移图层快捷键：Ctrl+]

下移图层快捷键：Ctrl+[

图 6-133　渐变式图标

4．投影式图标

（1）绘制常规扁平化图标（方法同上）。

（2）添加投影样式。为所有图层添加如图 6-134 所示的正片叠底图层样式，设置不透明度为 20%，距离为 5px。

图 6-134　投影-正片叠底图层样式

利用 Photoshop
打造单色图标

6.7.3　拓展练习：利用Photoshop打造单色图标

单色图标可以利用实物的剪影直接做图标，所以又被称为剪影图标。本练习利用 Photoshop 打造单色图标，完成效果如图 6-135 所示。

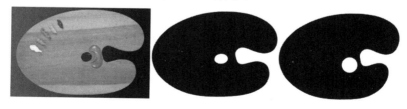

图 6-135　单色图标效果图

1．挑选素材

启动 Photoshop，挑选心仪素材并打开。选择素材时尽量从图形的外形入手，尽可能选择背景单一的素材，这样便于分离图形。

2．抠取素材

利用魔棒工具（添加到选区模式）选取素材中调色板以外的背景，如图 6-136 所示。

按 Ctrl+Shift+I 组合键反向选中调色板，再按 Ctrl+J 组合键复制当前选中的调色板区域到新图层"图层 1"，可参考图 6-137 中"图层"面板与"历史记录"面板。

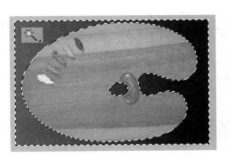

图 6-136　选取多余背景

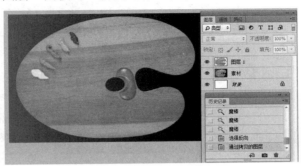

图 6-137　抠取调色板

3．制作剪影

新建图层并命名为"剪影"。按 Ctrl 键的同时单击"图层 1"缩览图，载入图层选区，在"剪影"图层中填充黑色。按 Ctrl+D 组合键取消选区，得到剪影图形，如图 6-138 所示。

在实际的设计工作中，可以对得到的剪影再次进行变形、夸张等处理，使之更具设计感。本练习最后利用自由变换将得到的剪影横向变扁，同时将中间的椭圆形修改为正圆形，让它更具形式感，完成效果如图 6-139 所示。

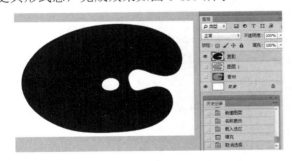

图 6-138　得到剪影图形

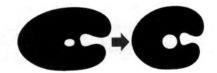

图 6-139　适当变形图标

6.7.4　拓展练习：利用Photoshop打造线性图标

线性图标与单色图标的设计制作方法有异曲同工之处，只是在设计构成中一个是线构成，另一个是面构成。同样利用上述调色板图标来说明，这里从上文图 6-138 所处的状态开始制作。

利用 Photoshop
打造线性图标

新建图层并命名为"线性图标"。按下 Ctrl 键的同时单击"图层 1"缩览图，载入图层选区，在"线性图标"图层中执行菜单命令【编辑】|【描边】，如图 6-140 所示。

按 Ctrl+D 组合键取消选区，得到线性图标图形，选择橡皮擦工具适当擦除部分边缘线条，最后得到满意的线性图标，如图 6-141 所示。

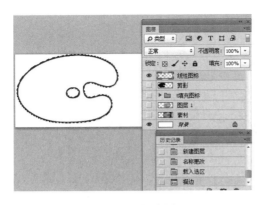

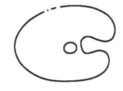

图 6-140　描边图形　　　　　　　　　　　　图 6-141　线性图标效果图

6.7.5　拓展练习：利用Photoshop打造样式图标

利用 Photoshop 打造样式图标，完成效果如图 6-142 所示。

图 6-142　样式图标效果图

关键步骤提示：

（1）启动 Photoshop 并新建图层，填充灰色。

（2）选择形状工具，绘制图标的基本图形，然后通过添加锚点来实现变形。

（3）通过图层样式实现图标的色彩变幻与特殊样式。

6.8　独立实践

设计制作一套线性手机系统图标（不少于 30 个），再分别做成面性、2.5D、MBE 风格的三套图标。

第三部分
UI界面设计典型实战

第7章 手机主题界面设计

7.1 手机主题界面设计概述

随着科技的不断发展，手机的功能越来越强大，基于手机系统的相关软件应运而生，手机设计的人性化已不仅仅局限于手机硬件的外观，手机的软件系统已成为用户直接操作和应用的主体。在设计客户端和 Wap2.0 页面时，用户界面设计的规范性显得尤为重要，要求设计者不断积累手机交互设计的经验，不断总结，理清设计思路。

手机主题界面设计概述

7.1.1 手机常用尺寸与图标格式

1. 分辨率

手机屏幕分辨率即屏幕图像的精密度，指手机显示器所能显示的像素的多少。通常表示为每英寸像素（pixel per inch，ppi）和每英寸点（dot per inch，dpi）。单位尺寸包含的数据越多，图形文件的长度就越大，能表现的细节更丰富。如图 7-1 所示的手机机型的尺寸为 4.95 英寸，分辨率为 1920px×1080px，也就是说高为 1920 像素，宽为 1080 像素。

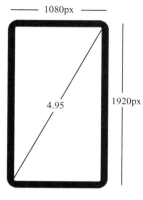

1080px

4.95

1920px

图7-1　手机尺寸与分辨率

2．网点密度

网点密度通常被叫作 DPI，一般是指每英寸的像素，类似于密度，即每英寸图片上的像素点数量，用来表示图片的清晰度。在同样的宽高区域，低密度的显示屏能显示的像素较少，而高密度的显示屏能显示的像素较多。

DPI 的计算方式为（手机斜对角线上的像素数/手机尺寸），如图 7-1 所示的手机屏幕的 DPI 就是（$1920 \times 1920 + 1080 \times 1080$）$^{\frac{1}{2}}$/4.95≈445dpi。

3．手机图标格式

一般手机常用的图标格式有支持位图格式的，分为不透明和透明两种。

不透明：.bmp、.jpg、.gif（动态和非动态）。

透明：.ico、.png。

手机图标支持矢量图格式：.svg。

图标大小一般为 10px×10px、14px×14px、16px×16px、32px×32px、64px×64px、128px×128px 等。（手机图标的大小要求不像软件图标那样严格，主要因为手机图标的格式较多。）

7.1.2　手机主题界面设计内容

主题设计最主要的是需要设计桌面程序图标、壁纸、锁屏。根据需要还设计拨号界面、短信界面、时间模块、天气模块、默认字体等。

7.1.3　手机界面设计的原则

1．界面效果的整体性、一致性

手机软件运行于手机操作系统的软件环境，界面的设计应该基于应用平台的整体风格，这样有利于产品外观的整合。

（1）界面的色彩及风格与系统界面统一。软件界面的总体色彩应该接近和类似于系统界面的总体色调，例如，系统色调以蓝色为主，软件界面的默认色彩最好与之吻合，若使用与之大相径庭的色彩，如大红、柠檬黄，色彩的强烈变化会影响用户的使用情绪。手机的外观和系统界面是由手机制造商根据用户审美习惯定制的，它有自己的审美群体，如果要给这款手机做软件就应该有效地利用制造商基于此款手机的审美特征，以赢得喜爱此款手机的用户，使他们对系统界面的肯定和喜爱有效地转移到软件产品上。当然，合理地结合系统界面进行设计还包括图标、按钮的风格，以及在不同操作状态下的视觉效果。

（2）操作流程的系统化。手机用户的操作习惯是基于系统的，因此界面设计在操作流程的安排上，也得遵循系统的规范性，简化用户操作流程。

2．界面效果的个性化

是不是追求整体性和一致性，就可以忽略软件界面的个性化呢？整体性和一致性是基于手机系统视觉效果的和谐统一而考虑的，个性化是基于软件本身的特征和用途而考虑的，因此个性化是不容忽视的。

（1）特有的界面构架。软件的实用性是软件应用的根本，设计应该结合软件的应用范畴，合理地安排版式，以求达到美观实用的目的。这一点不一定能与系统达到一致的标准，而应该具有它所在的行业标准，如证券交易、地图等界面，需要分析软件应用的特征和流程制定相对规范的界面构架。界面构架的功能操作区、内容显示区、导航控制区都应该统一规范，不同功能模块的相同操作区域的元素风格应该一致，让用户能够迅速掌握不同模块的操作，从而使整个界面统一在一个特有的整体之中。

（2）专用的界面图标。软件的图标按钮是基于自身应用的命令集，它的每个图形内容映射的都是一个目标动作，因此作为体现目标动作的图标，它应该有强烈的表意性。在制作过程中选择具有典型行业特征的图符，有助于用户的识别，方便操作。图标的图形制作不能太烦琐，要适应手机本身显示面积很小的屏幕，在制作上尽量使用像素图，确保图形质量清晰。如果针对立体化的界面，可考虑部分像素羽化的效果，以增强图标的层次感。

（3）界面色彩的个性化设置。色彩能影响一个人的情绪，不同的色彩会让人产生不同的心理效应，反之，不同的心理状态所能接受的色彩也是不同的。界面设计色彩个性化的目的就是用色彩的变换来协调用户的心理，让用户对软件产品时常保持一种新鲜度。用户可以根据自己的需要来改变默认的系统设置，选择一种自己满意的个性化设置，达到软件产品与用户之间的协调。在众多的软件产品中都涉及了界面换肤技术，在手机的软件界面设计过程中，应用这一个性设置可以提升软件的魅力，满足用户多方面的需要。在具体操作实现的过程中，色彩的搭配显得尤为重要，要考虑图标色彩与换肤色彩的色彩反差和效果的统一，才不致造成过乱的界面效果。

3．界面视觉元素的规范化

（1）图形图像元素的质量。尽量使用较少的色彩表现色彩丰富的图形图像，既确保数据量小又确保图形图像的效果完好，提高程序的工作效率。

（2）线条色块与图形图像的结合。界面上的线条和色块后期都会用程序来实现，这就需要考虑程序部分和图像部分的结合，需要自然的结合才能协调界面效果的整体感，所以需要程序员与界面设计人员的密切沟通，达成一致。

7.2　项目实作：卡通小熊手机主题界面设计

7.2.1　界面设计任务分析

1．需求分析

为当下主流的 Lenovo 手机设计一个主题界面。

2．界面设计思路

本作品以可爱、小清新的风格为主，整体采用橙黄色为主题颜色；界面主题栏灵感来源于 Lenovo 英文字母，象形地将小图标的设计与字母巧妙结合；小图标则以小熊的头部为原形，统一绘制风格，给人可爱、简约的感觉，同时兼具立体动态的视觉感受。整体风格接近人们的日常生活，还提高了使用的便捷性与操作性。

3．主题类别：卡通

4．设计内容

● 一个锁屏界面。

● 一张手机壁纸。

● 一个时间天气模块。

● 一套系统图标，包括拨号、信息、联系人、浏览器、相机、图库、音乐、主题中心、乐日历、系统设置、文件管理、计算器、录音机、收音机、时钟、备份、天气、电子邮件、手电筒、搜索、固件升级、视频、一键清除、快捷设置、乐商店、乐语音、安装包搜索、归属地手机主题制作完成效果如图 7-2 所示。单个图标尺寸大小为 172px×172px。

图 7-2　手机主题界面效果图

7.2.2　学习目标

熟悉手机界面设计的基本思想和原则，掌握界面设计的工具和技术。根据手机主题界面设计的原则（简洁、一致性、对比度）进行界面规划、概要设计和设计要素的选择，并利用一种界面设计工具（Photoshop）完成设计。

7.2.3　制作步骤详解

1．设计制作主题形象

（1）新建文档。启动 Photoshop，新建一个文档，设置名称为"主体形象"，宽度为 1550px，高度为 1530px，分辨率为 150 像素/英寸，颜色模式为"RGB 颜色，8 位"，背景内容为透明，单击"确定"按钮。

图 7-3　绘制重叠的圆形当耳朵

（2）绘制耳朵。选择工具箱中的椭圆工具，使用形状模式绘制 4 个圆形，分别设置颜色为两个浅黄色与两个土黄色，调整位置形成遮挡，如图 7-3 所示。

（3）绘制头部。在"耳朵"图层上方，选择椭圆工具，使用形状模式绘制圆形，并为其设置土黄色系的径向渐变图层样式，边缘颜色较深，中间颜色较浅，模拟立体的效果，如图 7-4 所示。

（4）绘制眼睛。使用绘制耳朵相同的方法完成眼睛的绘制，效果如图 7-5 所示。

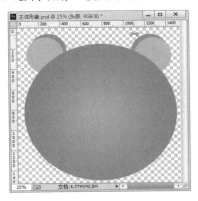

图 7-4　绘制头部

图 7-5　绘制眼睛

（5）绘制嘴巴。设置前景色为棕色（#51300c），选择工具箱中的钢笔工具，绘制嘴巴的形状，为"嘴巴"图层添加描边样式，效果如图 7-6 所示。

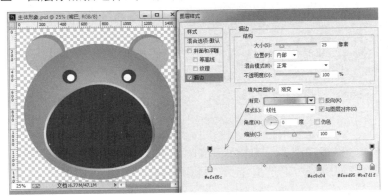

图 7-6　绘制嘴巴

根据上述方法依次绘制牙齿与舌头，注意调整图层相互间的位置关系，效果如图 7-7 所示。

（6）绘制解锁按钮。使用椭圆工具在 3 个不同图层上绘制大小不等的同心正圆形，并适当调整图层透明度，作为解锁按钮，效果如图 7-8 所示。

图 7-7　绘制牙齿和舌头

图 7-8　绘制解锁按钮

（7）综合调整。根据实际情况适当调整细节，如图层之间的位置关系、色彩的和谐性等。全选所有图层，按 Ctrl+G 组合键将图层编组为"主题形象"，保存文档为"主题形象.psd"待用。

2. 设计制作手机壁纸

手机壁纸一般可以自由绘制，也可以使用现成图片。下面使用 Photoshop 绘制一张手机壁纸。

（1）新建文档。新建文档，设置名称为"锁屏"，宽度为 2160px，高度为 1920px，分辨率为 72 像素/英寸，颜色模式为"RGB 颜色，8 位"，背景内容为白色，单击"确定"按钮。

（2）填充背景。设置前景色为土黄色（# ce8e28），背景色为略浅的土黄色（#e9af3a），使用前景色填充"背景"图层。

（3）云彩滤镜。新建空白图层"云彩"，执行菜单命令【滤镜】|【渲染】|【云彩】，让画面产生颜色像素变化，如图 7-9 所示。

（4）模糊滤镜。如果觉得云彩效果过于清晰，可以执行菜单命令【滤镜】|【模糊】|【高斯模糊】，参数根据需要的效果进行调试即可。高斯模糊设置如图 7-10 所示。

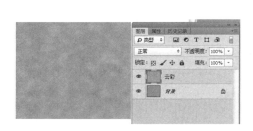

图 7-9　云彩滤镜效果

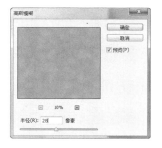

图 7-10　高斯模糊设置

（5）添加蒙版。单击"图层"面板底部的"添加矢量蒙版"按钮，为"云彩"图层添加蒙版，并编辑蒙版，利用多边形选框工具选择画布左上角的直角三角形区域并填充黑色，如图 7-11 所示。保存文件，完成壁纸制作。

3. 设计制作锁屏界面

（1）新建文档。新建文档，设置名称为"锁屏"，宽度为 1080px，高度为 1920px，分辨率为 72 像素/英寸，颜色模式为"RGB 颜色，8 位"，背景内容为白色，单击"确定"按钮。

（2）填充背景。设置前景色为棕色（#8d5301），使用前景色填充背景图层。

（3）完成锁屏界面。使用形状工具绘制顶部状态栏，将主题形象作为素材载入并调整其位置与大小，完成后效果如图 7-12 所示。

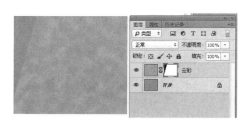

图 7-11　壁纸制作完成

图 7-12　锁屏界面效果图

4．设计制作时间天气模块界面

1）制作模块背景

如图 7-13 所示是小熊主题的时间天气模块界面，右边部分代表显示当前天气状态的图标，左边部分是时间、日期和天气的文字信息。接下来，我们一起进入时间天气模块界面的制作。

图 7-13　时间天气模块界面

首先，新建画布，尺寸为 525px×215px，设置背景颜色为#000000。创建时间天气模块的背景，即小熊的头像。用工具栏中的椭圆工具，在画布中间绘制一个椭圆形，完成脸部的绘制，并设置其描边样式，大小为 10px，位置为内部，填充类型为颜色，颜色参数为"#c9740e"。然后用同样的方式绘制小熊的耳朵，设置其描边样式，大小为 6px，位置为内部，填充类型为颜色，颜色参数为#a07310。最终完成时间天气模块的背景设计与制作。各项参数设置及绘制的形状如图 7-14 至图 7-16 所示。

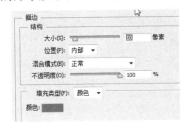

图 7-14　脸部描边样式参数设置

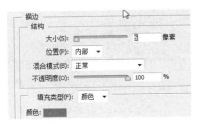

图 7-15　耳朵描边样式参数设置

图 7-16　绘制形状

2）制作天气图标云彩部分

接下来，制作时间天气模块的天气图标部分。这个多云天气的图标可以分为云彩和太阳两部分来制作。云彩部分采用画笔工具来完成绘制，采用硬边、圆画笔，设置画笔大小为

40px，硬度为 100%，然后依据云彩的形状进行绘制（最后一笔收尾时，画笔大小可以设置大一些的像素），最后设置图层样式来增加云彩的立体效果，其中包括斜面和浮雕样式，各项参数设置及效果如图 7-17 至图 7-22 所示。

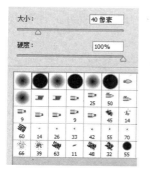

图 7-17　设置画笔

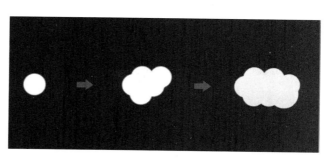

图 7-18　绘制云朵

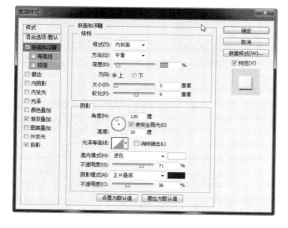

图 7-19　斜面和浮雕参数设置

图 7-20　渐变叠加参数设置

图 7-21　投影参数设置

图 7-22　云朵基本形完成效果图

但在这时会发现云彩质感还有所欠缺，所以要在绘制的云彩基本形上添加有层次的明暗光影效果。首先，用同样的画笔工具在新建的图层上绘制圆形，然后通过设置渐变叠加样式和调整图层的不透明度与填充来实现光影效果。参数设置及效果如图 7-23 至图 7-26 所示。

图 7-23 在新图层上绘制圆形

图 7-24 渐变叠加参数设置

图 7-25 调节不透明度及填充

图 7-26 重复绘制多个图形

之后再复制一朵云彩，通过自由变换工具使其缩小，两个云彩间形成错位，然后采用外发光样式体现出层次感。这时云彩图标就制作完成了，参数设置及效果如图 7-27 和图 7-28 所示。

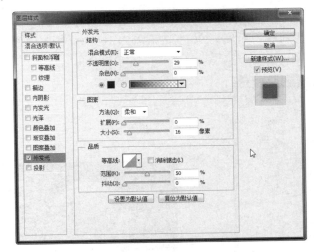

图 7-27 外发光参数设置

图 7-28 云彩图标效果图

小提示：

在本节中学习了设计制作云彩的方法，在以后的设计工作中，会经常需要绘制同样的元素，所以可以通过在画笔工具中预设制作好的图形作为画笔选项，方便在以后的设计制作中快速使用。具体步骤：合并所有设计图层，保证云彩的基本形在一个单一的图层内，然后执行菜单命令【编辑】|【定义画笔预设】即可。

3）制作天气图标太阳部分

在完成了天气图标云彩部分的制作之后，再根据主题的要求设计一个太阳图标。使用椭圆工具，先绘制一个正圆形，然后通过渐变叠加样式完成太阳图标的基本质感设计，采用径向渐变并根据实际情况来设置参数，同时运用外发光样式来完成太阳日冕的设计。参数设置及效果如图 7-29 至图 7-31 所示。

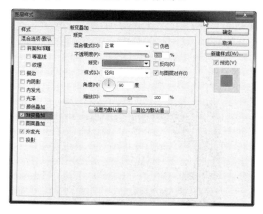

图 7-29　渐变叠加参数设置

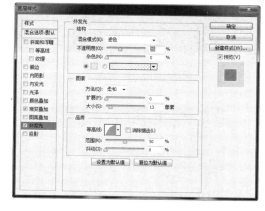

图 7-30　外发光参数设置

图 7-31　太阳图标雏形

这时基本完成了天气图标太阳部分的雏形绘制，但会发现太阳的质感还不够，需要在此基础上添加一定的光影效果，提亮部分高光，使得太阳部分更具真实性。在太阳的基本形上再复制一个图层，然后等比例缩小为原尺寸的 90%，清除原先的图层样式，再次运用渐变叠加样式来完成，设置混合模式为正常，不透明度为 100%，白色到无渐变，样式为对称，角度为 90 度，缩放为 100%。参数设置及效果如图 7-32 和图 7-33 所示。

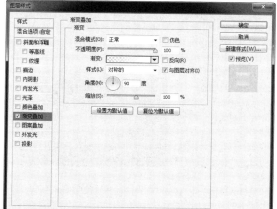

图 7-32　复制图层渐变叠加参数设置

图 7-33　太阳图标效果图

最后只需要把云彩部分和太阳部分通过一定的层叠错位结合形成空间感，天气中的晴转多云图标就基本制作完成了，效果如图 7-34 所示。

4）时间天气模块信息文字的编排

根据时间天气模块内的信息需求能够了解到，在时间天气模块中需要时间、日期、天气描述等内容信息。如果所有的内容信息都是同等字号，就不容易突出主题，所以需要对信息文字进行必要的编排，确定模块里的实时时间是主要的信息内容，所以在具体的制作中将把时间作为主体部分编排。

图 7-34　晴转多云图标效果图

使用文字工具，中文字体统一使用微软雅黑，英文与数字字体统一使用 Arial，字体模式统一设置为平滑。时间信息的字号设为 72px，颜色为白色（#ffffff）；日期信息字号设为 24px，颜色为白色（#ffffff）；星期与天气描述的字号设为 18px，颜色为墨绿色（#1f5701）。最终效果如图 7-13 所示。

5）小结

在本项目中，我们一起学习了时间天气模块的设计制作。其中关于天气图标的设计与制作是重点。图标一般由简单的图形、文字符号组成，而天气图标的特征就是简洁、易懂、美观，所以在设计制作天气图标时尽量多采用基本形状（矩形、三角形和圆形），然后借助光影明暗的关系与色彩的调整，制作出质感较强的图标。这样设计出来的图标的寓意更简单易懂，便于识别，适合所有年龄范围的人群。

5．制作桌面图标

1）制作桌面图标通用背板

这次的任务是设计小熊主题的桌面图标，要根据不同的手机功能图标来设计一套与主题风格相一致的功能按钮，最便捷的方法就是设计一个通用的背板，来满足风格统一的需求。通用背板的完成效果如图 7-35 所示。

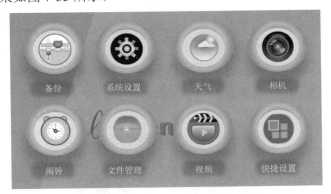

图 7-35　桌面图标通用背板效果图

（1）通用背板基本形的设计。新建画布，尺寸为 150px×150px，设置背景颜色为#000000。选择工具栏中的椭圆工具，在画布中间绘制一个椭圆形，完成通用背板基本形的绘制，并设置其渐变叠加样式，设置样式为线性，角度为 0。然后双击图层弹出"渐变编辑器"对话框，设置两端颜色为#bf820e，分别调整位置到 5%和 95%，中间添加一档颜色为"#e6bb49"，位置调整到 50%。最终完成通用背板的基本形的设计。步骤及参数设置如图 7-36 至图 7-38 所示。

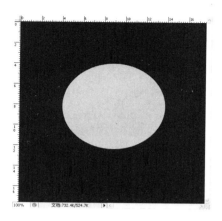

图 7-36　绘制椭圆形

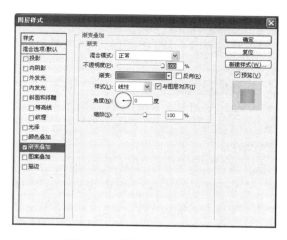

图 7-37　渐变叠加参数设置

（2）通用背板的质感设置。选择工具栏中的椭圆工具，在画布中间绘制一个椭圆形，并设置其颜色为#ffdd99，然后通过图层样式设置投影效果，设置投影颜色为#e8bc58，角度为-90 度，距离为 8px，大小为 6px。参数设置及效果如图 7-39 和图 7-40 所示。

图 7-38　编辑渐变参数

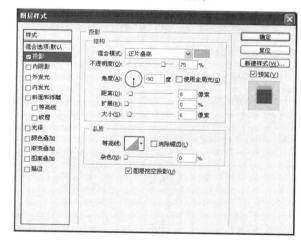

图 7-39　设置投影

图 7-40　绘制内部椭圆形

（3）在投影的基础上设置外发光效果，但需要保留其图层样式的投影效果。为了解决这个问题，可以直接复制一个图层，然后将两个图层合并，这样就能在原有效果的基础上再进行二次编辑。在图层样式中选择外发光，默认设置基本保持不变，调整大小为 21px，不透明度为 36%。然后在这个基础上再设置一个投影效果，设置颜色为#c18c0c，不透明度为 36%，角度为 90 度，距离为 4px，大小为 3px。最终完成通用背板的设计，参数设置和效果如图 7-41 至图 7-44 所示。

图 7-41　"合并图层"命令

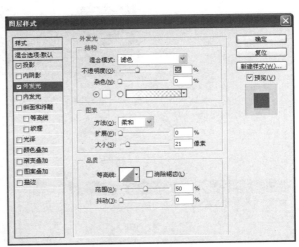

图 7-42　外发光参数设置

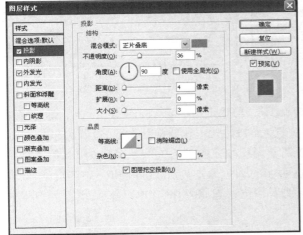

图 7-43　投影参数设置

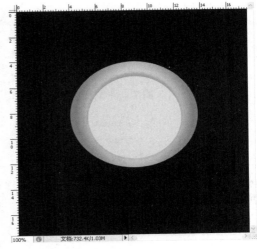

图 7-44　通用背板效果图

2）制作相机桌面图标

在完成了桌面图标通用背板设计以后，接下来就要进行具体功能桌面图标的设计，这里通过相机桌面图标的设计来举例说明，其他手机功能图标都可以采用这样的设计方式来完成。

（1）使用椭圆工具，按 Shift 键绘制一个正圆形，然后通过添加渐变叠加图层样式来完成质感效果。设置"渐变编辑器"对话框中的两端颜色分别为#4e4e4e 和#000000，灰到黑渐变，角度为 90 度，样式为线性。详细参数设置和效果如图 7-45 至图 7-47 所示。

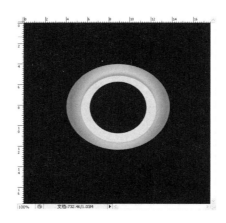

图 7-45　绘制正圆形

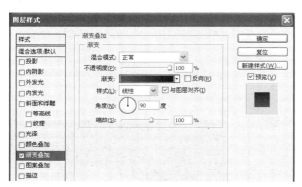

图 7-46　渐变叠加参数设置

图 7-47　编辑渐变参数

（2）在正圆形上直接复制一个图层，清除图层样式，然后同时按住 Shift+Alt 键，等比同心缩小至 80%。添加颜色叠加效果，设置颜色为# 727272；添加描边效果，设置大小为 5px，位置为内部，为了达到一定的光感效果，还需要调整填充类型为渐变，角度为 90 度，样式为线性。在"渐变编辑器"对话框中，设置两端的颜色分别为#606060 和#515151，中间添加两档颜色，颜色都为"#000000，同时分别调整位置为 80% 和 40%。参数设置和效果如图 7-48 至图 7-50 所示。

图 7-48　颜色叠加参数设置

图 7-49　描边参数设置

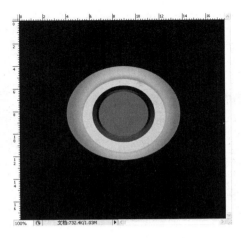

图 7-50 步骤（2）完成效果

（3）基本与步骤（2）相同，在原有的正圆形上直接复制一个图层，清除图层样式，同时按住 Shift+ Alt 键，等比同心缩小至 80%。添加颜色叠加效果，设置颜色为#1e1e1e；添加描边效果，设置大小为 2px，位置为内部，填充类型为颜色，颜色为#000000。与步骤（2）不同的地方是，还要添加内发光实现双边的效果，其中颜色为#3b3b3b，混合模式为正常，方法为柔和，阻塞为 88%，大小为 6px。参数设置和效果如图 7-51 至图 7-54 所示。

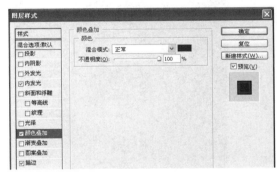

图 7-51 颜色叠加参数设置 图 7-52 描边参数设置

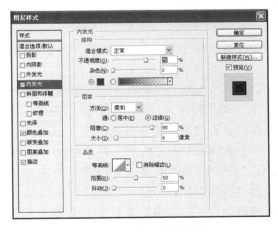

图 7-53 内发光参数设置

图 7-54 步骤（3）完成效果

（4）基本与步骤（2）（3）相同，不再赘述。其中，在"渐变编辑器"对话框中两端的颜色分别为#b8d6de 和#263b40,同时深色的位置为75%。参数设置和效果如图 7-55 至图 7-58 所示。

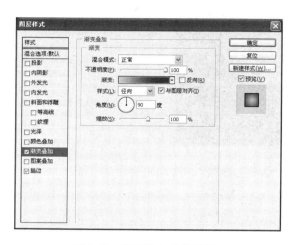

图 7-55　渐变叠加参数设置

图 7-56　编辑渐变参数

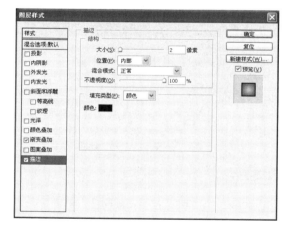

图 7-57　描边参数设置

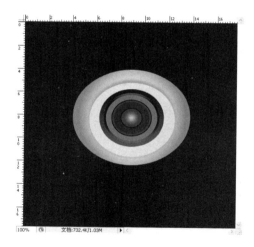

图 7-58　步骤（4）完成效果

（5）通过以上 4 步基本完成了相机桌面图标的设计与制作，但现在的相机图标缺乏必要的镜头光感质感，现在就来完成镜头光感质感的设计。

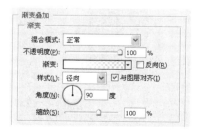

图 7-59　渐变叠加参数设置

首先，选中步骤（3）设计完成的图层，然后清除图层样式，并为其添加渐变叠加，设置样式为径向，角度为 90 度。在渐变编辑器中设置两端的颜色都为白色（#ffffff），选中右端的色标，单击编辑器中上方的，然后设置下部的不透明度为 17%，最后回到"图层"面板中设置填充为 0%。接着，单击"工具"面板中的直接选择工具，通过添加、删除和调整锚点来绘制想要的光感效果。参数设置和效果如图 7-59 至图 7-63 所示。

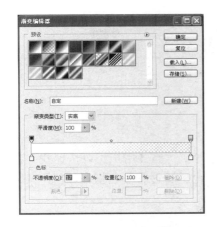

图 7-60　编辑渐变参数

图 7-61　图层状态

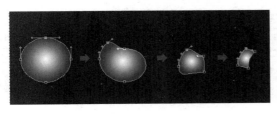

图 7-62　编辑形状

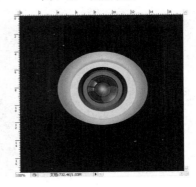

图 7-63　相机图标效果图

至此，相机桌面图标就制作完成了。根据一般手机的桌面功能图标的需求，有兴趣的读者可以根据不同的功能图标的光感质感进行设计制作。

最后，把制作好的全部桌面功能图标依次放置在小熊主题的手机界面上，并进行排版，最终完成小熊主题的手机界面设计，如图 7-64 所示。

图 7-64　小熊主题手机界面

7.3　项目实作：伪扁平手机主题界面设计

7.3.1　界面设计任务分析

1．主题、风格与色彩

本主题采用伪扁平的长投影风格，整个界面简洁、大方，用户可以快速找到自己需要的功能。整个主题采用浅灰色作为背景色，图标背景色用各种有彩色搭配，富于变化，完成效果参考图 7-65 至图 7-67 所示。

图 7-65　锁屏　　　　　　　图 7-66　第一屏　　　　　　图 7-67　第二屏

2．锁屏

中上部以时间与天气为主要内容，底部以 iOS 的滑动解锁和滑动相机、滑动上移按钮构成界面。

3．图标

图标设计以不同的颜色为背景，采用平面化、色块化构成，通过长投影统一整体风格。

7.3.2　学习目标

熟悉伪扁平风格特点，掌握伪扁平长投影制作技巧，熟悉手机主题设计常规工作及流程。

7.3.3　关键步骤提示

1．锁屏设计关键步骤提示

（1）分别设置好颜色，使用形状工具绘制锁屏界面背景与各图标元素。

（2）利用文字工具输入界面文本（绿色、#1da938）。根据不同功能调整文字大小，为当前日期文字图层添加白色投影样式，如图 7-68 所示，让文字看上去略有凹凸感，显得有层次。

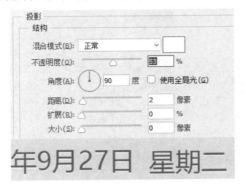

图 7-68　白色投影样式及效果

（3）为天气图标添加长投影效果。

2．第一屏、第二屏设计关键步骤提示

（1）利用圆角矩形工具绘制图标背板，确定好该圆角矩形的尺寸、圆度等属性，保存待用。

（2）策划图标的表现方式与创意，可先在草稿纸上绘制各种图标的草稿，再利用 Photoshop 等图形处理软件完成制作。

（3）为所有图标添加长投影效果，方向统一朝右下方。

（4）整体调整画面细节与色彩。

7.4　独立实践

参照 UI 设计流程：需求分析、功能定位、交互设计、界面设计、设计维护，独立实践策划设计制作一款 Android 系统手机主题的天气插件效果图。

7.5　本章小结

本章讲述手机主题界面的设计，从天气模块、系统图标、锁屏界面等视觉元素入手，利用 Photoshop 完成整套手机主题的界面设计。通过本章的学习，可以掌握手机主题界面设计的流程和制作方法。

第8章　App界面设计

8.1　App界面设计概述

App，是 Application 的缩写，简称 App。手机 App 就是手机应用程序，也称手机应用软件，可从应用商城下载，安卓版本的由 Android 系统开发；苹果版本的由 iOS 系统开发。

手机 App 界面设计的重点无非就是两个：第一个是界面视觉设计，第二个是界面用户体验设计。其详细内容分析如下。

8.1.1　手机App界面视觉设计

手机 App 界面视觉设计重点在于一些细节性的问题上，主要表现在以下五个方面。

（1）视觉设计。一款手机 App 应用或系统首先通过界面将整体风格传递给用户，体现了界面风格营造的氛围，属于产品的一种性格。视觉设计的姿态决定了用户对产品的观点、兴趣，乃至后面的使用情况。App 界面的视觉设计制作有助于找到产品感性部分的更多共性，或者规避一些用户的可能抵触点。

（2）移动端并非画布。手机屏幕大小有限，移动端设计和平面设计有着巨大的差异，它不再是一张平面的画布，应从构思屏幕布局转换到界面设计。

（3）逻辑设计。实际上，用户对一个产品的要求往往很纯粹，大多数操作都集中在三四个页面中，虽然次级界面有助于用户把握逻辑关系，但过多的页面"转场"更让用户感到焦虑。

（4）碎片化的移动端。目前，市面上流通的智能机已经多不胜数了，不同的智能终端不仅尺寸不尽相同，而且分辨率的差异也使得屏幕的像素密度存在很大差异，进一步考虑，这些终端的输入机制、屏幕比例、屏幕方向都会影响到移动端的界面设计。移动端的网页设计可以借助响应式设计，保证不同屏幕下的浏览体验，相比之下移动端的 App 设计则缺少流动性。所以，作为移动端的界面设计师，还需要考虑屏幕差异造成的布局设计的不同，以及用户体验上的变化。

（5）分裂的操作系统平台。目前主流的三大移动端操作系统是 iOS、Android 和 Windows Phone，每个操作系统都有自己的一套设计规范、交互方式、程序接口，而随着操作系统的版本更新，这些内容也都会发生相应的变化。即使三大平台在各自平台内的交互设计有着较高的统一性，但系统版本分裂、操作系统差异及厂商定制化所造成的影响也是不容开发者和设计人员忽视的。

8.1.2　手机App界面用户体验设计

手机 App 界面设计的要旨是让用户简单且高效。在设计时应该先厘清一件事，就是能否用一句话概括一下这个产品是为了帮助用户达成什么目的。只有搞清楚这个问题，才能弄明白用户是带着什么需求来到这个 App 的，一个个功能点是如何为用户服务的，调查一下用户以往是怎么满足这些需求的，哪些功能和信息更重要、更常被用到。

总之，设计良好的用户界面并非易事，它要求设计人员具备强大的设计技能、丰富的设计领域知识，以及对用户需求的深入了解。从项目初期到最终呈现，用户界面设计需要遵循各种各样的过程。以用户为中心的设计才是好的界面设计。

8.1.3　App界面布局设计

1．App 总体交互逻辑

通常一个 App 的总体交互逻辑是启动图标→闪屏界面→主界面→列表界面→详情界面→特殊界面。根据实际情况有的环节可以跳过，如闪屏界面在一些推崇快捷用户体验的 App 中有时被直接略过；有的环节也可以发散出更多的分支，如详情界面在实际操作中可以有查看类的详情展示，也有编辑、互动类的详情展示。

2．App 视觉设计步骤

（1）风格定制。分析产品类型、所在行业、用户群体等因素确定 App 是要设计成扁平化的还是拟物化的，商务型的还是卡通型的。

（2）规范定制。从字体、颜色、控件规格、图片、图标规格、间距等方面确定最终样式，形成统一规范。

（3）典型界面设计。根据 App 交互逻辑分析出具有代表性的界面并进行归类整理、设计。

（4）特殊界面设计。针对特殊的需求单独设计完善，如弹窗、登录、注册等页面。

3．导航常见布局

导航的设计必须提供给用户在 App 中跳转的方法，传达出这些链接对用户是有效的，传达出它的内容和用户当前浏览页面之间的关系。导航常见布局有：（1）列表式；（2）标签式；（3）宫格式；（4）混合式；（5）侧滑式；（6）平移式；（7）不规则式，如图 8-1 所示。

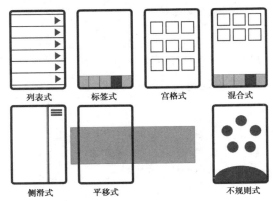

图 8-1　导航常见布局

4．内容区常见布局

（1）列表式；（2）宫格式；（3）瀑布流式；（4）卡片式；（5）旋转式；（6）弹出式；（7）复合式，如图 8-2 所示。

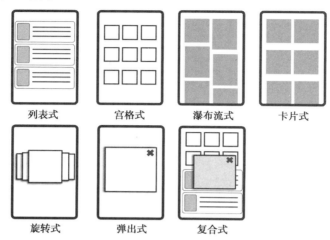

图 8-2　内容区常见布局

8.2　项目实作：操作型App——计算器界面设计

 8.2.1　界面设计任务分析

操作型 App——
计算器界面设计

1．需求分析

为 iOS 系统设计一个扁平化风格的计算器 App 界面。

2．功能定位

单屏展示，满足用户简单的计算需求。

图 8-3　计算器界面
设计效果图

3．交互设计

界面有触控感及点击显示反馈。

4．界面设计分析

界面设计结构分析：重复的宫格式构成。
界面设计色彩分析：一种有彩色与无彩色的搭配。

5．实施流程

第一步，用户需求分析。
第二步，原型设计。交互与布局设计。
第三步，视觉设计。将粗略的布局进行细化，使图像处理软件 Photoshop 完成整个界面设计与制作。效果展示如图 8-3 所示。

8.2.2　学习目标

熟悉 App 设计的基本流程和简单规范，掌握使用 Photoshop 图形处理工具进行界面设计的技能。

8.2.3　制作步骤详解

1．新建文件，确定尺寸规范

启动 Photoshop，参照图 8-4 新建文档，设置名称为"计算器 App"，宽度为 640px，高度为 1136px，分辨率为 72 像素/英寸，颜色模式为"RGB 颜色，8 位"，背景内容为白色，并单击"确定"按钮。

执行菜单命令【试图】|【标尺】，显示标尺。根据原型设计图纸确定的尺寸拉出参考线。

2．制作背景

新建图层"状态栏背景"，参照标尺与参考线，使用矩形选框工具从画布顶端往下拉出 40px 高的通栏选区，设置前景色为黑色（#000000），选择油漆桶工具，使用前景色填充选区，并按 Ctrl+D 组合键取消选择。

同理，使用不同颜色，配合选框工具完成显示区、按键区、功能键区、数字键区背景的制作，完成效果如图 8-5 所示。（注：本图片中的文字仅起注释作用。）

图 8-4　新建文档

图 8-5　划分色块区域

3．制作状态栏区域

打开素材"iOS 7 GUI.psd"，使用移动工具将其中的状态栏元素拖动复制到文档"计算器 App.psd"中。调整各元素颜色为白色，便于在黑色的"状态栏背景"图层上方显示。

4．制作显示区细节

显示区仅显示用户输入的文字，所以制作过程很简单，只需要输入数字作为示例即可。但是注意将交互变化的各种大小情况分别做成界面效果示例，保存在同一图层组里，如图 8-6 和图 8-7 所示。

图 8-6　显示区的不同状态

图 8-7　显示区的图层管理

5．制作功能键区和数字键区细节

（1）绘制分割线。将显示区以下的部分平均分配为 5 行 4 列，并使用移动工具拉出参考线便于下一步操作。

新建图层"分割线"，按住 Shift 键的同时使用单行、单列选框工具单击上一步拉出的参考线，形成选区，如图 8-8 所示。

设置前景色为黑色，按 Alt+Delete 组合键用前景色填充所选区域，并按 Ctrl+D 组合键取消选择。

选择橡皮擦工具将分割线多余的部分适当擦除与修整。

（2）添加文字信息。使用文字工具依次在每个方格中输入对应的文字，如图 8-9 所示。

（3）设计按键交互效果。新建图层"按键交互"，选择矩形选框工具，框选任意方格，执行菜单命令【编辑】|【描边】设置，黑色、2px，向内描边，达到突出显示的效果，如图 8-10 所示数字"9"四周的分割线。

图 8-8　绘制选区

图 8-9　添加文字

图 8-10　交互效果

6．定稿输出有效的设计方案

将稿件最终优化，提交。再次合理地整理图层命名、排序和分组，确保工作区整洁有序。删掉不用的图层，避免混淆视听，有效节省资源。完成后，需要对整个文档进行全盘检查，完成效果如图 8-11 所示。一般来说，检查作品时会发现很多原来被忽视的问题，而且大多数问题都是细节上的小问题，如留白使用错误、单词拼写错误、对齐错误、阴影方向不协调等。因此，在定稿前，一定要耐心检查。建议设计完工后休息一下再检查，或许休息期间会想起一些自己未曾留意的细节。当一个项目反复检查依然找不出错误，且客户看后也赞不绝口时，这个设计才算成功。

图 8-11　完成效果

小提示：
通常在设计行业，"Version 1"（第一个版本）仅仅是开始，稿件需要不断优化。

8.3　项目实作：拼拼乐App界面设计

8.3.1　界面设计任务分析

拼拼乐是一款操作非常简便的图片拼贴制作软件，只要导入图片就会生成有趣的拼图图片，为生活带来些许欢乐。这款 App 将采用扁平化为主的设计风格，采用 iOS 系统作为载体，分辨率为 640px×1136px。

拼拼乐 App 界面设计

根据操作流程绘制交互与布局设计草图。根据 App 交互逻辑分析出具有代表性的界面并进行归类整理、设计。拼拼乐的交互流程设计草图如图 8-12 所示。

8.3.2　学习目标

根据 App 交互逻辑完成交互与布局设计。拼拼乐的主要操作流程为启动→选择图片→拼图→修改效果→保存与分享。操作流程便捷，交互简单，涉及的交互层级较少。

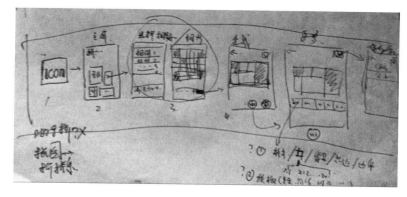

图 8-12　设计草图

8.3.3　制作步骤详解

1．设计启动图标

启动图标的灵感来源于儿时玩耍的折纸旋风飞镖，由纸条拼接编制而成，如图 8-13 所示。

启动图标根据折纸飞镖变形而成。采用一直角梯形为基本形，进行复制旋转。颜色采用单纯的白色，配上略带渐变的圆角矩形背景，形成一个扁平化风格图标，完成效果如图 8-14 所示。

图 8-13　灵感来源

图 8-14　启动图标

关键步骤提示：

（1）新建文档，填充背景图层为白色。

（2）选择圆角矩形工具，绘制图标背景，并添加渐变叠加样式，参数设置如图 8-15 所示。

（3）设置前景色为白色，借助辅助线，选择矩形工具，绘制一个上底边是下底边 1/2 长、一个内角为 45° 的直角梯形，作为构成图标的基本元素，如图 8-16 所示。

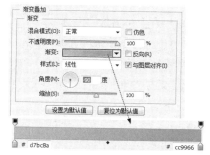

图 8-15　渐变叠加参数设置

图 8-16　绘制图标基本元素

（4）复制并旋转基本元素（直角梯形），适当调整并保存文档，完成图标的制作。

2．闪屏界面

闪屏界面又称启动界面、开机界面，用于增强用户对 App 快速启动并立即投入使用的感知度，是为了解决用户等待时间，保证用户使用流畅而设计的。

拼拼乐的闪屏界面采用模糊色彩变化的图片作为背景，图标与文字采用垂直居中对齐的排列方式，构成简单，主题突出。

关键步骤提示：

（1）新建文档（640px×1136px），添加背景图片素材。

（2）添加图标与文字，调整位置，效果如图 8-17 所示。

> **小提示：**
> 模糊背景是一种常见的照片效果，可以使设计元素脱颖而出，因而受到很多设计师的青睐。这种做法相当容易，可以借助 Photoshop 的模糊滤镜完成，色调自然，内容突出，突出图标和图形。适当地增加这种设计效果对小尺寸的移动设备界面很有必要，能有效地提高可读性体验。

3．主界面

主界面采用宫格式布局，将四大功能导航错落有致地布局在田字格里，内容易见。界面完成效果如图 8-18 所示。

图 8-17 闪屏界面

图 8-18 主界面

关键步骤提示：

（1）复制上文制作的"闪屏"文档并重命名为"主界面"，在此基础上做修改速度更快，效率更高。

（2）将"拼拼乐"图标与文字缩小并重新排列在顶端合适位置。

（3）利用直线工具绘制上下两根分割线，白色，1px。

（4）利用矩形工具绘制 4 个正方形，并排列成错位的"田字"，打破平齐的视觉效果，产生动态美，设置颜色为淡黄色（#ffffcc）。

（5）载入动作"长投影"，并对 4 个正方形的图层运用此动作，形成长投影效果。

（6）添加文字。

（7）利用钢笔和形状工具绘制底部功能小图标。

> **小提示：**
> 设计制作 psd 源文件时，良好的图层归类、命名习惯有利于团队合作，便于修改。

4．相册列表界面

图 8-19　相册列表界面

相册列表界面主要采用纵向列表式布局，将多个相册采用圆角矩形变形后层叠布局，模拟重叠的彩色文件夹的效果。界面完成效果如图 8-19 所示。

关键步骤提示：

（1）复制上文制作的"闪屏"文档并重命名为"相册列表界面"，在此基础上做更改。保留需要的图层，不需要的可以删除。

（2）在背景图层上使用颜色叠加样式，设置颜色为灰色（#666666）。

（3）利用椭圆工具，配合 Shift 键绘制土黄色（#f1b150）的正圆形，添加白色描边，描边宽度一般根据画面需要来确定，通常以 5px 的倍数出现，如 5px、20px 等。

（4）首先利用圆角矩形工具绘制半径为 30px 的圆角矩形；然后执行菜单命令【编辑】|【变换路径】|【斜切】，将矩形底部两个角对向变换，产生一定的透视效果；接下来利用直线工具在圆角矩形的中上方绘制三条短小的灰色直线（长为 30px），模拟可以点击的触觉效果；最后复制多个圆角矩形，并设置为不同的颜色，调整好位置。

（5）在文档底部绘制一个深灰色（#4d4746）的矩形（640px×210px），作为底部操作区背景。

（6）根据功能划分与策划初衷，在对应位置添加文字。

> **小提示：**
> App 界面设计中，系统状态栏的显示或隐藏可以根据实际需要进行设置。

5．图片详情界面

图片详情界面主要采用宫格式布局、重复构成的手法完成设计。用户图片预览区的图片每行四张整齐重复排列，选中区域的图片采用圆角矩形为外形，左上角添加关闭图标提示可实现交互操作。界面完成效果如图 8-20 所示。

关键步骤提示：

（1）复制上文制作的"相册列表界面"文档并重命名为"图片详情界面"，在此基础上做更改，保留底部操作区背景图层，其余删掉。

（2）在文档顶部绘制一个深灰色（#4d4746）的矩形（640px×90px），作为顶部操作区背景。

（3）在顶部操作区中添加功能文字"返回""拼图"与相册名称文字，利用自定形状绘制箭头。

（4）在文档中部排列图片（157px×157px），一行 4 张，间隙填充白色。完整的图片共排列 5 行，第 6 行只能显示局部，如图 8-21 所示。

（5）在底部操作区中绘制 4 个等大的圆角矩形，并运用剪贴蒙版将任意 4 张图片素材放置于内。运用形状工具绘制"删除图片"操作的叉形按钮。

小提示：

在 App 布局设计时，未显示完整的部分效果能起到提醒用户上下左右滑动查看的目的，所以界面设计时不必把所有位置都排得整整齐齐。

6．保存与分享界面

保存与分享界面主要采用简约实色块布局，界面完成效果如图 8-22 所示。

图 8-20　图片详情界面

图 8-21　局部显示设计

图 8-22　保存与分享界面

关键步骤提示：

（1）沿用闪屏界面背景。

（2）"保存"与"分享"按钮均选用鲜艳的实色块作为背景，"分享"的 4 个图标采用黑白稿效果显示，充分打造扁平风格。

8.4 项目实作：水平仪App界面设计

水平仪 App 界面采用实色填充所有对象，是明显的扁平化风格。界面中心以两个相交的圆形与数值为主。

关键步骤提示：

（1）新建文档，填充背景图层为黑色。

水平仪 App 界面设计

（2）设置前景色为白色，选择椭圆工具，路径操作选择"排除重叠形状" 回 ，绘制矢量形状。

（3）输入文字，调整颜色。完成效果如图 8-23 所示。

图 8-23　水平仪 App 界面

8.5 独立实践

在智能手机上挑选一款自己喜欢的 App，尝试分析它的总体交互逻辑。

8.6 本章小结

本章集中介绍了几款 App 界面设计的基本流程和简单规范，并使用 Photoshop 配合完成界面的设计制作。

第9章 网页界面设计

9.1 网页界面设计概述

9.1.1 网页界面设计基本原则

通常来讲，网页界面的设计应遵循以下几个基本原则。

1．用户导向原则

以用户为中心，设计网页时首先要明确谁是使用者，要站在用户的观点和立场上来考虑。要做到这一点，必须要和用户沟通，了解他们的需求、目标、期望和偏好等。

2．拥有良好的直觉特征原则

要简洁和易于操作，该原则一般要求网页的下载不要超过 10 秒钟；尽量使用文本链接，而减少大幅图片和动画的使用；操作设计尽量简单，并且有明确的操作提示；提供的内容和服务都在显眼处向用户予以说明等。

3．布局控制

关于网页排版布局方面，要灵活设计，便于浏览。

4．视觉平衡

设计网页界面时，要合理分配各种元素（图形、文字、空白），尽量达到视觉上的平衡，注意屏幕上下左右的平衡。不要堆挤数据，过分拥挤的显示会产生视觉疲劳和接收错误。

5．色彩的搭配和文字的可阅读性

颜色是影响网页的重要因素，不同的颜色对人的感觉有不同的影响。正文字体尽量使用常用字体，便于阅读。

6．和谐与一致性

通过对网页界面的各种元素（颜色、字体、图形、空白等）使用一定的规格，使得网页看起来是和谐的。

7．个性化

网站的整体风格和整体气氛表达要与产品定位相符合，并应该能很好地为产品服务。

9.1.2 网站页面的功能美与形式美

网页界面设计的功能性主要体现在信息的传递功能和审美功能两个方面。网页界面设计以传递信息为主要功能，信息必须清晰、准确，具有明确的受众和宣传目标，注重时效性，在内容上因信息传递目标和技术实现手段综合作用而具有一定的规范性。网页界面从属于网页内容，其本身不可能独立存在，因而网页界面设计的审美功能不仅由界面形式决定，很大程度上也受到操作顺畅程度、信息接受心理及信息接受形式等因素的影响，具有很明显的综合性。

网页界面设计作为艺术形式，属于实用艺术范畴，它的艺术美感存在于实用性之中。而网页界面设计是以一种特殊的物质实体的形式存在的，它具有明确的实用功能，因而具有审美功能的发挥是依靠界面自身的形象实现的。也就是说，发挥实用功能的界面实体与发挥审美功能的界面形象是统一的，它们具有同质同构的联系。界面是以一定的使用目的或物质功能为存在前提的，其审美功能必须以其使用目的为导向，即审美功能不能背离其使用目的。在构成网页界面审美功能的元素中，功能美与形式美是互为作用、互相联系的。

9.2　项目实作：一栏式简单网页设计与制作

 ### 9.2.1　界面设计任务分析

一栏式简单网页设计与制作

1．需求分析

设计一个搜索引擎首页页面，要求界面设计功能突出，视觉形象新颖，增强用户识别体验。

2．功能定位

本网页主要由三部分组成：功能链接、搜索框、导航。

3．交互设计

采用鼠标划过状态的链接文字简单变化。

4．界面设计结构分析

采取满版式、一栏布局，整体简洁美观。

5．界面设计色彩分析

本项目要完成的是"V搜"搜索引擎首页界面设计，整个页面的颜色采用无彩色与有彩色对比搭配，显得简洁而时尚，视觉效果强烈。页面完成效果如图9-1所示。

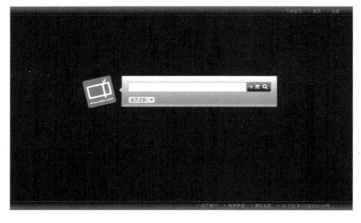

图9-1　"V搜网"页面效果图

6．界面设计思路

整个设计思路围绕放大的 Logo 展开，以搜索框展示为主，吸引浏览者注意。简约的一栏式横向版块划分，大部分元素遵循画面均衡法则，色彩的 Logo 故意随意倾斜，成为视觉焦点。

7．布局步骤

第一步，绘制草图。草图阶段设计师面对的是一张白纸，要做的就是简单地用画笔在纸上将创意的大致轮廓画出来，以便给以后的设计做大致的指导。

第二步，粗略布局。将纸上的轮廓在计算机上体现出来，对画面进行分割，也可以用色块进行填充，确定好在什么位置布置什么栏目，它们的大小等。

本项目的版面结构简单，栏目呈水平划分，如图 9-2 所示。

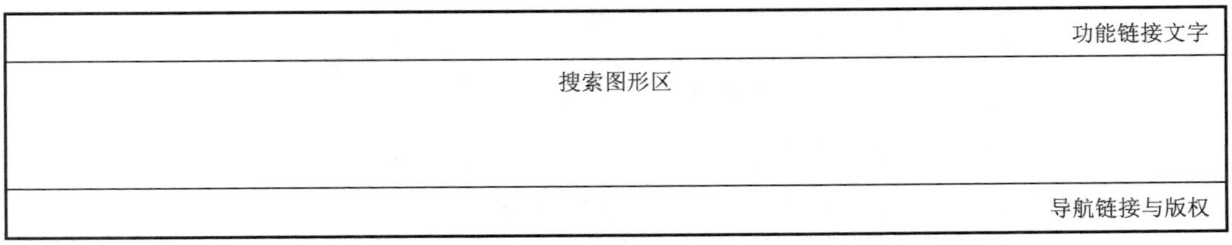

图 9-2　版面结构图

9.2.2　学习目标

熟悉网页界面设计的基本思想和原则；掌握网页图形界面设计的工具和技术；根据网页界面设计的原则（简洁、一致性、对比度）进行版面规划、概要设计和设计要素的选择，并利用一种界面设计工具（Photoshop）完成网页界面的设计。

9.2.3　制作步骤详解

（1）启动 Photoshop，执行菜单命令【文件】|【新建】，新建一个名称为"V 搜"的文档，宽度为 1004px，高度为 580px，分辨率为 72 像素/英寸，颜色模式为"RBG 颜色，8 位"，背景内容为白色，单击"确定"按钮。

（2）单击工具栏上的"显示\隐藏标尺"按钮或按 Ctrl+R 组合键调出标尺，根据图 9-2 版面结构图用鼠标在视图中拖出参考线，如图 9-3 所示。

（3）在英文输入状态下，按 D 键，设置前景色为默认的黑色，按 Alt+Delete 组合键填充前景色，使"背景"图层变为黑色。

图 9-3　参考线位置

（4）在"图层"面板中，按下 Alt 键的同时单击"创建新图层"按钮，弹出"新建图层"对话框，新建图层并命名为"顶部渐变"。

选择工具箱中的矩形选框工具，在视图顶部参照参考线拉出选区。按 X 键，使前景色（黑色）与背景色（白色）交换（设置前景色为白色）。

选择工具箱中的渐变工具，单击属性栏上的"点按可编辑渐变"按钮，打开"渐变编辑器"对话框，设置名称为"前景色到透明渐变"，如图 9-4 所示，单击"确定"

按钮返回矩形选区，从上至下拉出渐变，并按 Ctrl+D 组合键取消选择。

在"图层"面板中，设置"顶部渐变"图层的不透明度为 30%，使渐变与背景更加融合，如图 9-5 所示。

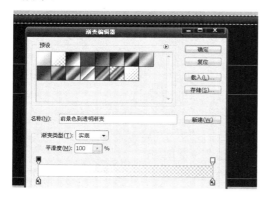

图 9-4　"渐变编辑器"对话框

图 9-5　"图层"面板

（5）选择工具箱中的横排文字工具 T，设置文本颜色为中灰色（#999999），字号为 12 号，在视图右上角输入文字"· 天线首页· 登录· 注册"。

（6）用文字光标分别选中"· 天线首页· 登录· 注册"中的分隔点"· "，并将颜色改为草绿色（#5ba51f）。

（7）在"图层"面板中，按下 Alt 键的同时单击"创建新图层"按钮 ，弹出"新建图层"对话框，新建图层并命名为"灰色细线"。

选择单行选框工具 ，在"顶部渐变"图层下方单击，产生高度为 1px 的横排选区，设置描边颜色为中灰色（#999999），执行菜单命令【编辑】|【填充】，单击"确定"按钮，并按 Ctrl+D 组合键取消选择，完成灰色细线的绘制。

（8）制作 Logo。

① 在"图层"面板中，按下 Alt 键的同时单击"创建新建图层"按钮 ，弹出"新建"对话框，新建图层并命名为"logo"。

② 设置前景色为草绿色（#5ba51f），选择工具箱中的圆角矩形工具 ，在属性栏中选择"填充像素"，设置半径为 10px，按下 Shift 键的同时在视图中绘制一个边长为 85px 的绿色圆角正方形，如图 9-6 所示。

图 9-6　绘制圆角正方形

③ 在"图层"面板中，单击"创建新建图层"按钮 ，创建"图层 1"，设置前景色为白色（#ffffff），选择工具箱中的圆角矩形工具 ，在属性栏中选择"填充像素"，设置半径

为 3px，借助参考线与标尺，在上一步绘制的绿色圆角矩形内绘制一个 70px×40px 的白色圆角矩形，如图 9-7 所示。

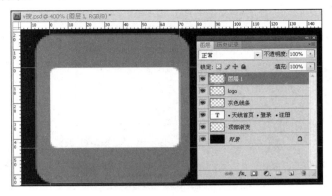

图 9-7 绘制固定大小圆角矩形

④ 在"图层"面板中，右击"图层 1"，在右键快捷菜单中选择"选择像素"命令，载入"图层 1"的选区。执行菜单命令【选择】|【修改】|【收缩】，在打开的"收缩选区"对话框中设置收缩量为 5px，单击"确定"按钮，效果如图 9-8 所示。按下 Delete 键将选区内图形删除，并按 Ctrl+D 组合键取消选择，效果如图 9-9 所示。

⑤ 设置前景色为草绿色（#5ba51f），并执行菜单命令【编辑】|【填充】，单击"确定"按钮。

⑥ 设置前景色为白色（#ffffff），选择工具箱中的矩形工具，在"图层 1"中绘制矩形，效果如图 9-10 所示。

图 9-8 收缩选区后效果

图 9-9 清除选区内图形

图 9-10 绘制矩形

⑦ 单击"创建新建图层"按钮 🖺，新建"图层 2"。选择工具箱中的自定义形状工具 🖾，选择自定义形状，并在视图中用鼠标拖出"√"形状。使用橡皮擦将"√"形之外的多余部分擦除，并参照图 9-11 使用移动工具将"√"移到适当位置。

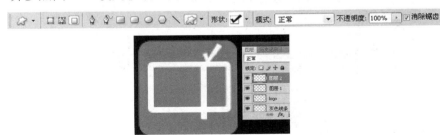

图 9-11 绘制"√"并移到适当位置

⑧ 选择横排文字工具 🖪，在图形底部输入网址文字"www.openv.com"，如图 9-12 所示。

⑨ 在"图层"面板中，将"logo""图层 1""图层 2"和文字图层"www.openv.com"一起选中，右击，在右键快捷菜单中选择"合并图层"命令，如图 9-13 所示。重命名合并后的图层为"logo"。至此完成 Logo 的制作，如图 9-14 所示。

图 9-12　输入网址文字

图 9-13　合并图层

（9）在"图层"面板中，确定"logo"图层为当前图层，按 Ctrl+T 组合键执行旋转变形，将鼠标移到右上角，按住 Shift 键的同时逆时针旋转一个步长，即 30°，并单击"确定"按钮，如图 9-15 所示。（进行旋转变形操作的时候，每次旋转的角度为 30°。）

图 9-14　Logo 完成图

图 9-15　旋转 Logo

（10）绘制搜索框。

① 在"图层"面板中，按住 Alt 键的同时单击"创建新建图层"按钮 ，新建"搜索框背景"图层。

② 设置前景色为白色（#ffffff），选择工具箱中的圆角矩形工具 ，在属性栏中选择"填充像素"，设置半径为 5px，在视图中绘制圆角矩形，如图 9-16 所示。

图 9-16　搜索框背景

③ 按住 Ctrl 键的同时单击图层"搜索框背景"的缩览图，载入矩形选区。执行菜单命令【选择】|【修改】|【扩展】，在打开的"收缩选区"对话框中设置扩展量为 2px，单击"确定"按钮。执行菜单命令【编辑】|【描边】，设置描边颜色为深灰色（#666666），居中描边1px，单击"确定"按钮并取消选择。

④ 选择工具箱中的多边形套索工具 ，在上一步骤绘制的矩形左边边沿，按住 Shift 键的同时（使用 Shift 键可以控制相邻选择线之间的角度为 45°或 45°的倍数）用鼠标单击点出三角形选区，按 Alt+Delete 组合键使用前景色（白色）填充，然后按 Ctrl+D 组合键取消选择。细节如图 9-17 所示。

⑤ 按住 Ctrl 键的同时单击"搜索框背景"图层的缩览图，载入选区。选择工具箱中的渐变工具 ，单击属性栏中"点按可编辑渐变"按钮 ，打开"渐变编辑器"对话框，编辑渐变条为白色→浅灰色→深灰色→白色，如图 9-18 所示。单击"确定"按钮返回矩形选区中从上至下拉出渐变，并按下 Ctrl+D 组合键取消选择，效果如图 9-19 所示。

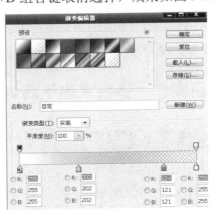

图 9-17　三角形选区　　　　　　　　图 9-18　"渐变编辑器"对话框

⑥ 在"搜索框背景"图层上方新建图层，并命名为"搜索框"。设置前景色为白色，选择工具箱中的矩形工具，在属性栏中选择"填充像素"，在视图中绘制矩形搜索框。执行菜单命令【编辑】|【描边】，设置描边颜色为深灰色（#999999），向内描边 1px，单击"确定"按钮并取消选择。细节如图 9-20 所示。

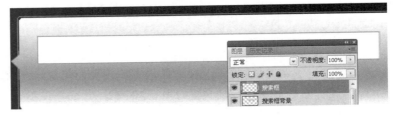

图 9-19　渐变填充效果　　　　　　图 9-20　绘制矩形并描边

（11）打开素材文件"V 搜按钮.png"，将按钮素材拖入文档中，参照图 9-21 调整位置。

（12）在"图层"面板中，按住 Alt 键的同时单击"创建新建图层"按钮 ，新建"首页皮肤按钮"图层。设置前景色为白色，选择工具箱中的圆角矩形工具 ，在属性栏中选择"填充像素"，设置半径为 5px，在视图中绘制矩形。选择单列选框工具 ，在矩形右侧单击，产生选区，如图 9-22 所示，此时按 Delete 键清除选区内图像，并按 Ctrl+D 组合键取消选择。

（13）设置前景色为灰色（#666666）选择横排文字工具 ，在首页皮肤按钮图像上输入文字"首页皮肤▼"如图 9-23 所示。搜索框完成效果如图 9-24 所示。

图 9-21　添加按钮

图 9-22　单列选区

图 9-23　添加文字

图 9-24　搜索框效果图

（14）页面底部效果与顶部一样，此处不再详细讲解。

9.3　项目实作：多栏式电子商务网页设计与制作

 ### 9.3.1　界面设计任务分析

网页主题：电子商务型。

多栏式电子商务网页设计与制作

网页结构：左中右框架式结构，竖式导航，三栏式，如图 9-25 所示。

图片	主导航	搜索导航
		正文
		版权信息

图 9-25　版面结构图

该页面是电子商务型网页首页，导航内容比较少而信息量大，因此使用了左栏装饰图片、中栏展示导航，右栏展示内容的页面分割。这种布局方式不仅符合大众的习惯性视觉流程（从左至右），而且更富逻辑性与形式美。

本页面的主体内容即右栏部分，采用的是简单搜索与列表文字组合的形式。对于设计者，左栏与中栏提供了广阔的设计空间，大家在独立设计与制作时，可以充分发挥想象进行创新。

色彩分析：采用同类色对比。紫红色系为主色，白色为辅色。粉紫红色具有温馨、浪漫的感觉。整个页面运用了大量的色彩明度层次渐变，产生节奏感；大量留白缓和了浓郁的粉气，深灰色文字与白底相得益彰，更强化了正文的地位，令浏览者耳目一新。

网页特点：以网页页面所需设置的栏目和作用为出发点，可搭建更好的电子商务型平台，采用左中右框架式结构进行布局，体现简洁感。

设计思想：以和谐、温馨为基调。

整个设计思路围绕明度对比展开。以紫红色为中心，一边向粉紫、白色推移，一边向深紫红、黑色推移。把平面的页面做得分块清晰，具有节奏感，显得简洁而高雅，如图 9-26 所示。

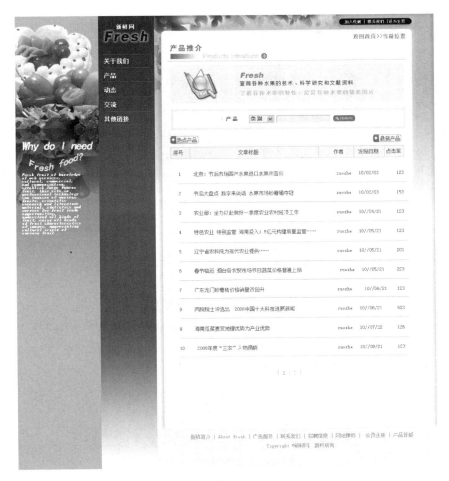

图 9-26 电子商务网页效果图

9.3.2 学习目标

熟悉网页界面设计的基本思想和原则；掌握网页图形界面设计的工具和技术；根据网页界面设计的原则（简洁、一致性、对比度）进行版面规划、概要设计和设计要素的选择，并利用一种界面设计工具（Photoshop）完成三列式框架网页设计。

9.3.3 制作步骤详解

1．设计制作页面背景

（1）新建文件。启动 Photoshop，新建一个文件，设置名称为"电子商务型网页"，宽度为 1004px，高度为 1126px，分辨率为 72 像素/英寸，颜色模式为"RGB 颜色，8 位"，背景内容为白色，单击"确定"按钮，如图 9-27 所示。

添加辅助线：执行菜单命令【视图】|【标尺】，在视图中显示标尺。根据版面结构图，分别在水平和垂直标尺上单击并拖动鼠标，拉出数条参考线用于布局构图。

（2）管理图层。在"图层"面板中，按住 Alt 键的同时单击"新建图层组"按钮 ▢，弹出"新建组"对话框，相关设置如图 9-28 所示。

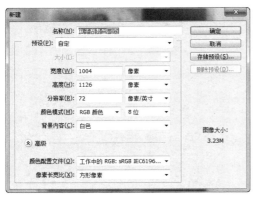

图 9-27 "新建"对话框   图 9-28 "新建组"对话框

小提示：

1. 凡有参数选择与设置的功能按钮，均可以通过按下 Alt 键的同时单击功能按钮，调出对话框。

2. 为了更好地规划整个文档的结构，可以采用图层组来管理图层。

在"图层"面板中，使"背景"图层组处于激活状态，按住 Alt 键的同时单击【创建新图层】按钮 ，调出"新建图层"对话框，相关设置如图 9-29 所示。

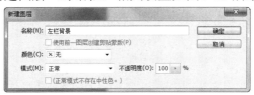

图 9-29 "新建图层"对话框

（3）填充背景颜色。设置前景色（R255,G153,B204）与背景色（R255,G153,B226）为相近的粉紫红色（这里需要用户根据实际情况适度调整，总之是前景色偏红多一点，背景色偏紫多一点）。先选择矩形选框工具参照参考线拉出左栏范围，再选择渐变工具，参照图 9-30 交替设置渐变为前景色与背景色，并填充选区，最后按 Ctrl+D 组合键取消选区。

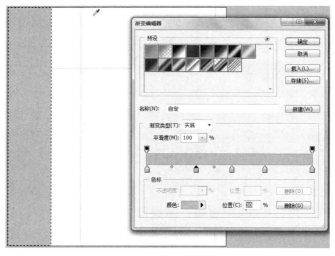

图 9-30 渐变填充左栏背景

　　中栏的制作方法同上。新建"中栏背景"图层。先选择矩形选框工具参照参考线拉出中栏范围，再选择渐变工具，参照图 9-31 交替设置渐变为深紫红色到白色：（R102,G0,B0）、（R153,G51,B102）、（R255,G255,B255），并填充选区，最后按 Ctrl+D 组合键取消选区。

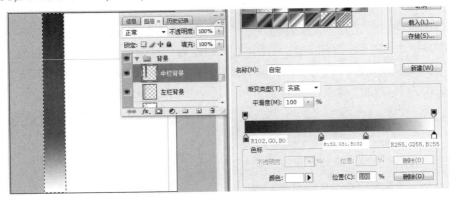

图 9-31　渐变填充中栏背景

　　右栏的制作方法同上。新建"右栏背景"图层。先选择矩形选框工具参照参考线拉出右栏范围，设置前景色（R255,G153,B204）与背景色（R255,G255,B255），再选择渐变工具，用前景色到背景色的渐变填充选区，最后按 Ctrl+D 组合键取消选区。至此完成背景色块的绘制，如图 9-32 所示。

2．设计制作装饰图形

　　（1）使用蔬果素材。打开素材文件"蔬果.gif"与"甜点.gif"。由于这两个素材文件格式为.gif，处于索引模式，不能直接为 RGB 模式文件所用，所以都必须执行菜单命令【图像】|【模式】|【RGB 颜色】。使"左栏背景"图层处于激活状态，将"甜点.gif"与"蔬果.gif"文件中的图层分别用鼠标拖进"电子商务型网页"文档，此时在"图层"面板中将会自动生成"图层 1"（甜点图像），"图层 2"（蔬果图像），参照图 9-33 使用 Ctrl+T 自由变换快捷键适当调整两个图层的位置与大小。

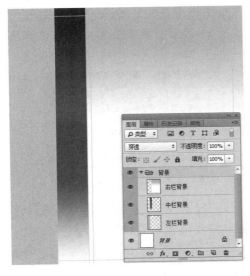

图 9-32　页面背景颜色

图 9-33　素材位置与大小

（2）制作蔬果投影。在"图层"面板中将"蔬果图像"图层拖到"创建新图层"按钮上，完成"蔬果图像"图层的复制，重命名为"蔬果图像倒影"。参照图 9-34 设置图层混合模式为正片叠底，不透明度为 88%。选择"蔬果图像倒影"图层并按下自由变换快捷键 Ctrl+T，垂直翻转，变换到合适大小与位置后按 Enter 键。

（3）叠加渐变。为了使"蔬果图像倒影"图层显示效果更淡，在"蔬果图像倒影"图层下方新建图层"渐变"。设置前景色（R204,G102,B153）与背景色（R255,G153,B204）（具体参数可以根据实际画面选择）。先选择矩形选框工具，参照图 9-35 拉出选区范围，再选择渐变工具，使用为前景色到背景色的渐变填充选区，并按 Ctrl+D 组合键取消选区。

图 9-34　倒影效果　　　　　　　　　　　　图 9-35　减淡倒影背景

（4）使用 banner 素材。打开素材文件"banner.jpg"。使"右栏背景"图层处于激活状态。将"banner.jpg"文件中的图层用鼠标拖进"电子商务型网页"文档，此时在"图层"面板中将会自动生成"图层 1"，重命名"图层 1"为"top-banner"，参照图 9-36 按自由变换快捷键 Ctrl+T，适当调整两个图层的位置与大小。

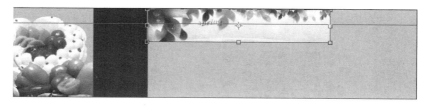

图 9-36　调整 banner 位置与大小

（5）修饰素材。为了使"top-banner"图层与"右栏背景"图层融合得自然，使用橡皮擦工具选择柔角、100px，参照图 9-37 轻轻地擦除边沿，使边沿自然。

小提示：
在使用橡皮擦工具涂抹的过程中，可以使用快捷键【（左中括号）使橡皮擦直径变大，快捷键】（右中括号）使橡皮擦直径变小。

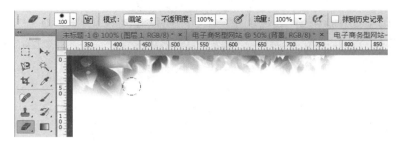

图 9-37　擦除边沿

　　打开素材"粉紫色的时尚花卉 psd 分层素材.psd"，将"粉紫色的时尚花卉"图层用鼠标拖进"电子商务型网页"文档中，放置于"top-banner"图层之下。按 Ctrl 键的同时单击"右栏背景"图层的缩览图，将"右栏背景"图层作为选区载入，按 Ctrl+Shift+I 组合键进行反选。再次确认"粉紫色的时尚花卉"图层处于激活状态，按 Delete 键清除选区内图像。按 Ctrl+D 组合键取消选区。此时完成效果如图 9-38 所示。

图 9-38　装饰图形完成效果

3．设计制作文字

　　（1）管理图层。在"图层"面板中，按 Alt 键的同时单击【新建图层组】按钮 ▢，弹出"新建组"对话框，创建新图层组"文字"。

　　（2）输入文字。选择横排文字工具，在"蔬果图像倒影"图层上方输入白色文字"Why do I need"，如图 9-39 所示。

　　（3）制作变形文字。选择横排文字工具，在"蔬果图像倒影"图层上方输入黄色文字"Fresh food"。单击"创建文字变形"按钮，在弹出的"变形文字"对话框中选择样式为旗帜、水平弯曲 100%，单击"确定"按钮，使文字有打破常规的变形效果，如图 9-40 所示。

图 9-39　输入文字　　　　　　　　　　　　　　图 9-40　"变形文字"对话框

小提示：变形文字

变形功能可以令文字产生变形效果，如图 9-41 所示，可以选择变形的样式及设置相应的参数，变形效果如图 9-41 右图所示。需要注意的是，变形只能针对整个文字图层而不能单独针对某些文字。如果要制作多种文字变形混合的效果，可以通过将文字分次输入不同的文字图层，然后分别变形的方法来实现。

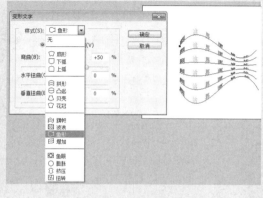

图 9-41　变形文字

（4）添加文本段落。打开素材文件"电子商务型网页文档.txt"，将其中英文选段复制至剪切板中（选中文字，按 Ctrl+C 组合键）。

在"电子商务型网页"文档中，设置前景色为白色，选择横排文字工具 T ，参照图 9-42 拉出文本范围，调整相关参数，并按 Ctrl+V 组合键粘贴文字，然后适当调整文字位置。

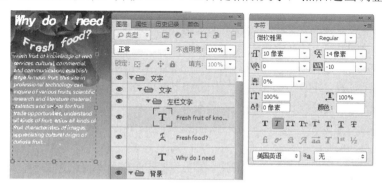

图 9-42　文本段落

为了便于图层管理，同时选中左栏范围上的 3 个文字图层，单击"图层"面板右上角的小三角形，在弹出的菜单中选择"从图层新建组"命令，新建组名称为"左栏文字"。（从图层新建组的快捷键为 Ctrl+G。）

（5）输入导航文字。在"左栏文字"图层组上方新建组"主导航文字"。在"图层"面板中，使"主导航文字"图层组处于激活状态，设置前景色为白色，选择横排文字工具，参照图 9-43 拉出文本范围，输入相关导航文字并调整相关参数：字号大小为 14 点，行距为 36px，字体为宋体加粗。

图 9-43　输入导航文字

（6）绘制分割线。在"图层"面板中，使"主导航文字"图层组处于激活状态，按 Alt 键的同时单击"创建新图层"按钮，弹出"新建图层"对话框，新建图层"分割线"。设置前景色为（R153,G102,B102），选择直线工具，参照图 9-44 位置绘制直线。

图 9-44　绘制分割线

（7）制作 Logo 文字。在"主导航文字"图层组的上方新建组"Logo"，在组中新建文字图层"Fresh"，参照图 9-45 设置参数、添加图层样式外发光与描边。

图 9-45　制作 Logo 文字

在"Fresh"文字图层的上方新建图层并输入网页名称文字"新鲜网"，12px，宋体，白色，完成 Logo 区域制作。

4．制作右栏搜索区域

（1）绘制右栏白色背景。在"背景"图层组最上层新建图层"圆角矩形"，设置前景色为白色，选择圆角矩形工具，参照图 9-46 绘制圆角矩形。

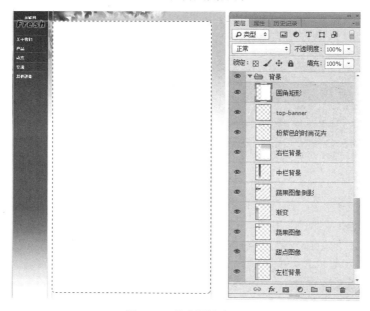

图 9-46　绘制圆角矩形

（2）使用"产品推介"素材。在图层组"文字"上方新建组"搜索导航区"。打开素材"产品推介.gif"，执行菜单命令【图像】|【模式】|【RGB 颜色】。参照图 9-47 位置将素材拖曳进图层组"搜索导航区"中，并重命名为"产品推介"。

图 9-47　运用素材

（3）绘制直线。设置前景色为浅灰色（R204,G204,B204），选择直线工具在"产品推介"图层中绘制直线。

（4）绘制粉红色圆角矩形。新建图层"图层 1"，设置前景色为浅粉红色（R255,G242,B245），选择圆角矩形工具绘制圆角矩形。

按住 Ctrl 键的同时单击"图层 1"图层的缩览图，将图层中圆角矩形作为选区载入，执行菜单命令【选择】|【修改】|【收缩】，设置收缩量为 5px。执行菜单命令【编辑】|【描边】，

使用白色、1px 向内描边。

（5）添加放大镜素材。打开素材"放大镜.png"，将"放大镜"图层放到"图层 1"上方，并适当调整大小，如图 9-48 所示。

图 9-48　添加放大镜素材

（6）绘制竖向分割线。新建图层"竖向分割线"，设置前景色为浅灰色（R204,G204,B204），选择直线工具，在放大镜右边绘制直线。

（7）添加表单框素材。打开素材文件"搜索框.jpg"，将"搜索框.jpg"文件中的图层用鼠标拖进"电子商务型网页"文档，重命名该图层为"搜索框"，参照图 9-49 适当调整图层的位置与大小。

图 9-49　添加表单框素材

（8）输入其他文字。改变"文字"图层组顺序至"图层"面板顶端，并在"文字"组中新建子组"搜索导航区文字"，再依次建立文字图层"返回首页>>当前位置"（功能链接）与"fresh ……"（搜索框说明文字），效果如图 9-50 所示。

5．设计制作右栏正文区域

（1）管理图层、绘制按钮。在图层组"搜索导航区"上方新建组"正文区域"。确认"正文区域"图层组处于激活状态，使用矩形工具绘制矩形作为导向按钮背景，并添加对应文字，如图 9-51 所示。

图 9-50　输入其他文字

图 9-51　导向按钮

（2）绘制标题栏背景。新建图层"标题栏背景"，设置前景色为浅粉红色（R255,G242,B245），选择矩形工具绘制矩形。重新设置前景色为略深的粉红色（R222,G201,B211），执行菜单命令【编辑】|【描边】，设置为 1px，向内描边。

保持前景色为（R222,G201,B211），选择直线工具，参照图 9-52 位置绘制直线作为分割线。绘制分割线时要根据将要输入的文字预留好每栏的宽度。

图 9-52　绘制标题栏背景

（3）输入正文区域文字，效果如图 9-53 所示。

图 9-53　文字效果

在"搜索导航区文字"图层组上方新建组"正文文字"。在"图层"面板中，使"正文文字"图层组处于激活状态，设置前景色为灰色（R102,G102,B102），选择横排文字工具，在"标题栏背景"图层的适当位置输入宋体、12 点的文字"序号""文章标题""作者""发帖日期""点击率"。

打开素材文件"电子商务型网页文档.txt"，将其中正文选段复制至剪切板中（选中文字，按 Ctrl+C 组合键）。在 Photoshop 的"电子商务型网页"文档中，在"标题栏背景"图层下方的适当位置选择横排文字工具，拉出文本范围，按 Ctrl+V 组合键粘贴文字，根据已有知识适当调整文本格式。

在正文列表正下方居中输入分页显示链接"｜1｜2｜"，并将"1"设置为紫红色，表示当前页码显示样式。

在"正文区域"图层组中，按住 Alt 键的同时单击【创建新图层】按钮，调出"新建图层"对话框，新建图层并命名为"正文分割线"，设置前景色为（R204,G204,B204），选择直线工具绘制直线。

6. 版权及功能链接区

（1）绘制功能链接区背景。在"正文区域"图层组上方新建组"版权及功能链接区"。在"版权及功能链接区"图层组中，新建图层并命名为"功能链接背景"。在英文输入状态下，按 D 键设置前景色为默认的黑色，选择圆角矩形工具，设置半径为 15px，在文档右上角绘制圆角矩形。

（2）输入文字。在"文字"图层组中，新建文字图层并输入浅黄色（R255,G255,B153）功能链接文字"加入收藏|联系我们|设为主页"，如图 9-54 所示。

在"文字"图层组中，新建文字图层并在文档右下角底部输入版权信息文字"新鲜简介 | About fresh | 广告服务 | 联系我们 | 招聘信息 | 网站律师 | 会员注册 | 产品答疑 Copyright ©新鲜网. 版权所有."。

（3）绘制版权背景。在"版权及功能链接区"图层组中，新建图层并命名为"版权背景"。选择矩形选框工具在右栏底部拉出选区，设置前景色为略比白色深的浅灰色（R249,G249,B249），使用 Alt+Delete 组合键填充选区，并按 Ctrl+D 组合键取消选区。

设置前景色为浅灰色（R230,G230,B230），选择直线工具在"版权背景"矩形的上方 4px 左右的位置绘制直线，细节如图 9-55 所示。

图 9-54　功能链接区制作　　　　　　　　图 9-55　多明度层次细节

至此，整个页面基本制作完成，由于设计者习惯、喜好的差异，可以适当调整局部细节，效果如图 9-56 所示。

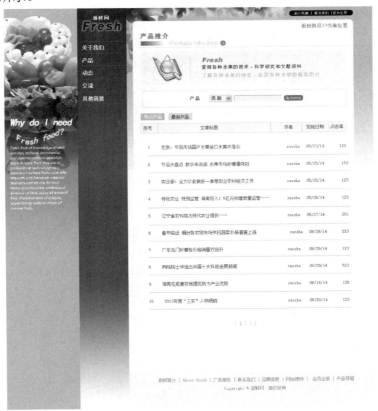

图 9-56　页面完成效果

7．优化处理细节与质感

（1）挖空"右栏背景"图层。选择"背景"图层组中的"右栏背景"图层为当前图层。（提示：本步骤操作应始终确保"右栏背景"图层为当前图层。）

载入"圆角矩形"图层选区，在当前图层中清除：按下 Ctrl 键的同时单击"背景"图层组中的"圆角矩形"图层的缩览图，将"圆角矩形"图层作为选区载入，按 Delete 键清除选区内的图像，并按 Ctrl+D 组合键取消选区。

载入"功能链接背景"图层选区，在当前图层中清除：按下 Ctrl 键的同时单击"版权及功能链接区"图层组中的"功能链接背景"图层的缩览图，将"功能链接背景"图层作为选区载入，按 Delete 键清除选区内的图像，并按 Ctrl+D 组合键取消选区。

执行完以上步骤得到的"右栏背景"图层如图 9-57 所示。（为了方便读者理解，用了虚线表示。）

（2）设置图层样式。双击"右栏背景"图层名称，打开"图层样式"对话框，参照图 9-58 为其添加"斜面和浮雕"样式，并在"图层"面板中设置填充为 0%。

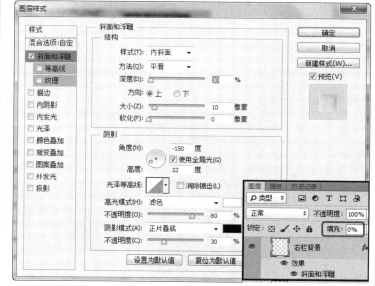

图 9-57 "右栏背景"图层　　　　　　　图 9-58 添加"斜面和浮雕"样式

适当调试后完成最终的制作，效果如图 9-59 所示。

小提示："图层"面板上的填充

如果只需要图层样式却不要里面的颜色像素，就把填充设置为 0%，此时图层样式是可见的（添加的阴影、发光、斜面和浮雕等图层样式效果还是存在的），只是图层里面的所有像素都会被隐藏。

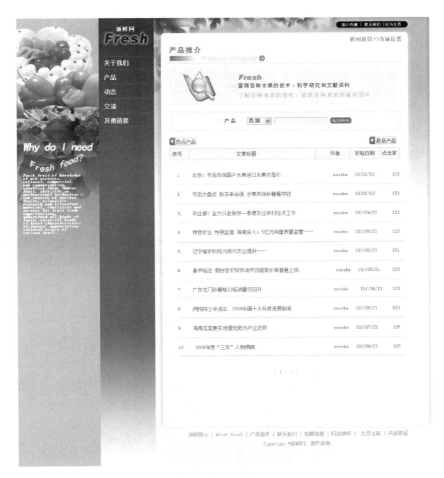

图 9-59　电子商务型网页最终效果图

9.4 项目实作：自由版式专题网页设计与制作

9.4.1 界面设计任务分析

1．需求分析

自由版式专题网页设计与制作

为儿童节设计一个礼品挑选专题页面，通过网站扩大礼品推广面，为浏览者出谋划策，又提升了产品的关注度。要求界面设计活泼、可爱、充满童趣。

功能定位：页面主要由三部分组成，分别为玩具系列、服饰系列、书籍系列。采取相似的栏目构成，使页面富有变化与统一的形式美。

交互设计：主要内容的三个构成部分采取相似的栏目构成，为部分文字与按钮添加链接，指向性明确。

2．界面设计思路

界面设计结构分析：网页结构采用海报图片展示为主的多行结构。以宣传儿童节相关主题为主要目的，因此使用了很多富有童趣的装饰图片及标题式文字。

界面设计色彩分析：一般来说，儿童比较喜欢代表明亮的、温暖的、鲜艳的、快乐的、娇美的、柔软的、生动活泼的、纯真的色彩，如温暖的橙色、饱和度比较低的红色、黄色、粉红、纯度高的蓝色、绿色等中性色彩。儿童节专题页面由缤纷绚丽的色彩构成整个页面，显得鲜活生动。

界面设计思路：整个设计思路围绕儿童节的礼物展开。以礼物推荐展示为主，吸引浏览者的注意。不规则的版块划分，各种卡通形象穿插在页面中，到处透露着儿童节的气息，随意而不失简洁。

3．布局步骤

第一步，绘制草图。这时设计师面对的是一张白纸，要做的就是用画笔简单地在纸上将创意的大致轮廓画出来，给出设计的大致方向。

第二步，粗略布局。将纸上的轮廓在计算机上体现出来，对画面进行分割，也可以用色块进行填充，确定好在什么地方布置什么栏目，以及确定栏目的大小等，如图 9-60 所示。

网站主题		
栏目 1	栏目 2	栏目 3
底部装饰		

图 9-60　布局图

第三步，将粗略的布局进行细化，实现色彩、Logo、导航条等的设计，一般用的工具多为 Photoshop 和 Illustrator 等图像处理软件。页面效果如图 9-61 所示。

图 9-61　页面效果图

9.4.2 学习目标

熟悉网站界面设计的基本思想和原则，掌握网站图形界面设计的工具和技术。根据网站界面设计的原则（简洁、一致性、对比度）进行界面规划、概要设计和设计要素的选择，并利用 Photoshop 完成网页界面设计。

9.4.3 制作步骤详解

1. 设计制作头部主图

1）新建文档

启动 Photoshop，参照图 9-62 新建对话框，新建一个文档，设置名称为"儿童节专题"，宽度为 1000px，高度为 1417px，分辨率为 72 像素/英寸，颜色模式为"RGB 颜色，8 位"，背景内容为白色，单击"确定"按钮，如图 9-62 所示。

2）设计制作发射构成素材

（发射构成图形设计所有步骤中的参数设置仅供参考，具体操作时可以根据实际情况适当调整。）

（1）新建文档。新建一个文档，设置名称为"发射构成"，宽度为 1000px，高度为 450px，分辨率为 72 像素/英寸，颜色模式为"RGB 颜色，8 位"，背景内容为白色，单击"确定"按钮，如图 9-63 所示。

（2）绘制竖线条。按 Ctrl+Shift+N 组合键，新建图层并命名为"竖线条"。选择矩形选框工具，在选项栏中设置样式。为固定大小，宽度为 30px，高度为 450px。在文档中单击，即产生预定大小的矩形选区。选择油漆桶工具，使用黑色填充选区，如图 9-64 所示。按 Ctrl+D 组合键取消选区。

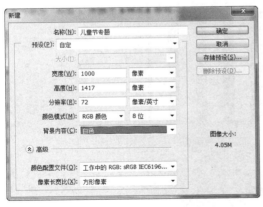

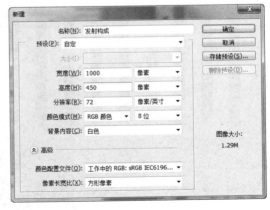

图 9-62　新建文档"儿童节专题"　　　　　图 9-63　新建文档"发射构成"

（3）复制竖线条。执行菜单命令【图层】|【复制图层】，弹出如图 9-65 所示对话框，复制名为"竖线条 副本"的新图层。

（4）有规律地复制。选择图层"竖线条副本"，执行菜单命令【编辑】|【自由变换】，或按自由变换快捷键 Ctrl+T，出现变换定界框，使用方向键→将"竖线条 副本"图层向右轻移 40px 左右，并按 Enter 键确定，如图 9-66 所示。连接按 12 再次变换快捷键 Ctrl+Shift+Alt+T，得到如图 9-67 所示的效果。

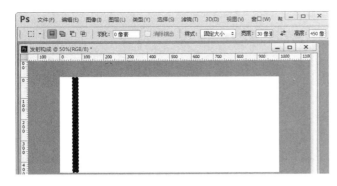

图 9-64　绘制竖线条

图 9-65　复制图层

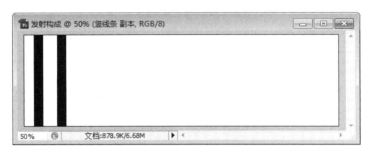

图 9-66　自由变换并轻移

小提示：

使用方向键←、→、↑、↓轻移时，一次移动 1px；按住 Shift 键的同时按方向键，可以一次移动 10px。

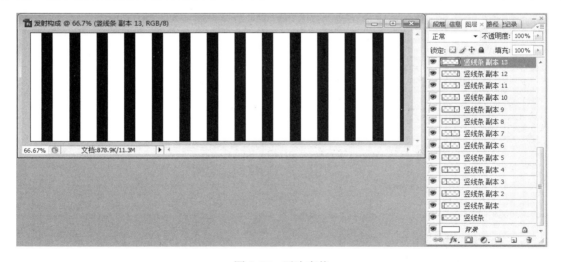

图 9-67　再次变换

小提示：

自由变换复制的像素数据的快捷键：Ctrl+Shift+T。

再次变换复制的像素数据并建立一个副本的快捷键：Ctrl+Shift+Alt+T。

利用再次变换可以打造各种发射、重复、渐变等构成效果。

（5）合并图层。选中除背景图层外的所有图层，单击"图层"面板右上角的黑三角形，在展开的菜单中选择"合并图层"命令，如图 9-68 所示，将选中的图层合并为一个图层"竖线条 副本 13"，如图 9-69 所示。

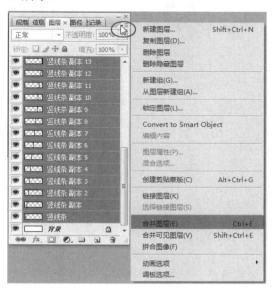

图 9-68 "合并图层"命令

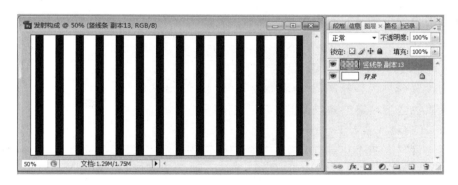

图 9-69 合并图层后的"图层"面板

（6）应用极坐标滤镜。执行菜单命令【滤镜】|【扭曲】|【极坐标】，使竖线条形成发射构成，如图 9-70 所示。

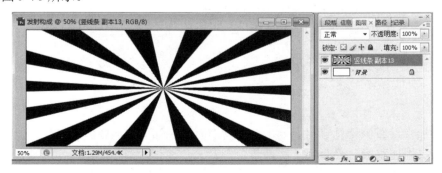

图 9-70 极坐标滤镜效果

小提示：

极坐标滤镜的对话框中共有两个选项。

● 直角坐标到极坐标的转换：可以认为是顶边下凹、底边和两侧边上翻的过程。

● 极坐标到直角坐标的转换：可以认为是底边上凹、顶边和两侧边下翻的过程。

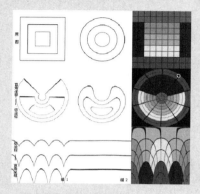

图9-71　正方形、圆形和色块通过极坐标转换前后的图像

极坐标滤镜的特点如下。

（1）直角坐标到极坐标转换用于做效果，而极坐标到直角坐标的转换用于抵消前者的副作用。

（2）水平线转换成圆形，垂直线转换成放射线，斜线转换成螺旋线。

（3）原图像上侧对应圆心，下侧对应圆心外。

（7）改变颜色。设置前景色为橙黄（#FF9D05），使用油漆桶工具，间隔填充黑色区域，如图9-72上图所示。

再分别设置前景色为柠檬黄（#ffff00）和浅绿（#ccff33），间隔填充剩余黑色区域。最终效果如图9-72下图所示。

3）运用发射构成素材

（1）运用素材。在"儿童节专题"文档中新建图层组"头部主图"。使用移动工具将"发射构成"文档中的完成效果图层拖动到"儿童节专题"文档中，并重命名图层为"发射构成"，如图9-73所示。

图9-72　填充颜色

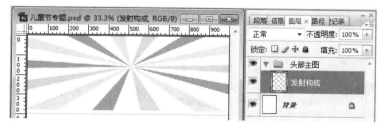

图9-73　运用素材

（2）添加图层蒙版修饰素材。单击"图层"面板底部"添加图层蒙版"按钮，为"发射构成"图层添加蒙版。按D键，将前景色与背景色复位为黑色、白色。选择画笔工具，设置不透明度为50%，在蒙版中的适当位置涂抹，遮挡"发射构成"的中心与外边缘产生渐隐

的效果，如图 9-74 所示。

图 9-74 编辑蒙版

4）设计文字

（1）添加大标题。选择横排文字工具 **T**，设置文本字体为"文鼎中特广告体"（字体可以根据个人喜好选择），大小为 95px，消除锯齿的方法为无。在"发射构成"上的适当位置输入文字"Children's Day"。执行菜单命令【图层】|【图层样式】|【渐变叠加】，参照图 9-75 和图 9-76 所示的参数，为"Children's Day"文字图层添加渐变叠加与描边样式。最终完成效果如图 9-77 所示。

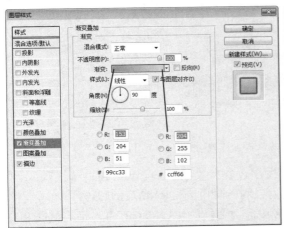

图 9-75 渐变叠加样式参数设置

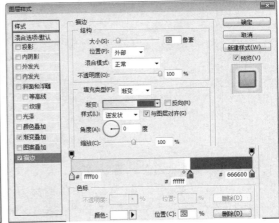

图 9-76 双色描边样式参数设置

图 9-77 "Children's Day"添加样式后效果

（2）添加副标题一。选择横排文字工具 **T**，设置文本字体为"微软雅黑体"，大小为 48px，消除锯齿方法为锐利，颜色为（R204,G255,B51），在大标题右下方输入文字"给孩子的礼物"。

单击"图层"面板底部"添加图层样式"按钮 **fx**，选择描边样式，参照图 9-78 所示的参数为"给孩子的礼物"文字图层添加 3px 宽的描边样式。最终完成效果如图 9-79 所示。

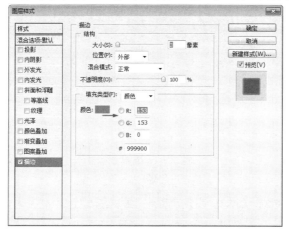

图 9-78　描边样式参数设置

图 9-79　"给孩子的礼物"添加样式后效果

（3）添加副标题二。方法同上。添加文字图层，输入文字"'六.一'儿童节快乐"，设置字体为黑体，大小为 42.5px，消除锯齿方法为锐利，颜色为（R153,G153,B51）。

执行菜单命令【编辑】|【自由变换】，或者按自由变换的快捷键 Ctrl+T，适当旋转和移动图层，产生错落有致的效果。

为图层添加描边样式，设置大小为 4px，位置为外部，颜色为（R204,G255,B102），其他参数默认，效果如图 9-80 所示。

图 9-80　"'六·一'儿童节快乐"添加样式后效果

小提示：

自由变换时，若图像太大，无法看清变换点，可按 Ctrl+0 组合键进行缩小。

（4）添加描边文字。方法同上。添加文字图层，输入文字"六一儿童节特别活动"，字体为黑体，大小为 25px，消除锯齿方法为锐利，颜色为白色（R255,G255,B255）。

按自由变换快捷键 Ctrl+T，适当旋转和移动图层，产生倾斜效果。

为图层添加描边样式，设置大小为 3px，位置为外部，颜色为（R204,G255,B102），其他参数默认，效果如图 9-81 所示。

添加文字图层，输入文字"活动时间 2021 年 5 月 25 日至 2021 年 6 月 5 日"，设置字体为黑体，大小为 15px，消除锯齿方法为锐利，颜色为白色（R255,G255,B255）。

按自由变换的快捷键 Ctrl+T，适当旋转和移动图层，使其与"六一儿童节特别活动"图层平行。

图 9-81 "六一儿童节特别活动"添加样式后效果

为图层添加描边样式，设置大小为 2px，位置为外部，颜色为（R204,G255,B102），其他参数默认，效果如图 9-82 所示。

图 9-82 头部主图区文字效果

（5）添加素材装饰文字。执行菜单命令【文件】|【打开】，打开素材文件"星星.psd"，使用移动工具将文档中的"星星"图层组拖放进"儿童节专题"文档中的"发射构成"图层上方，适当调整位置，装饰主标题文字，效果如图 9-83 所示。

图 9-83　添加星星素材

（6）添加圆形装饰图案。

① 管理图层。选中"发射构成"图层，执行菜单命令【图层】|【新建】|【组】，新建
"圆形图案"图层组。按住 Alt 键的同时单击"图层"面板底部的"创建新图层"按钮 ，
在弹出的对话框中输入新图层名称彩色圆点，如图 9-84 所示。

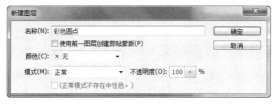

图 9-84　"新建图层"对话框

② 设置画笔。分别设置前景色为绿色（#ccff00），背景色为黄色（#ffff00）。选择画笔
工具 ，在画笔选项栏中单击"切换到画笔面板"按钮 ，打开"画笔"面板，设置笔
尖形状为 19px 尖角，间距为 200%，勾选"散布"复选框和"颜色动态"复选框，设置前景
/背景抖动为 100%，具体参数设置如图 9-85 所示。

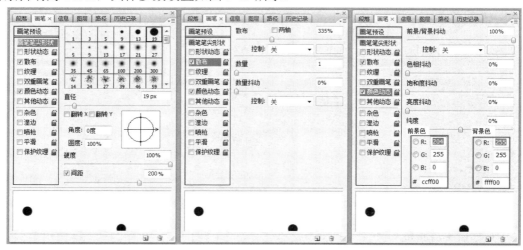

图 9-85　"画笔"面板参数设置

③ 绘制彩色圆点。回到"彩色圆点"图层中按住鼠标左键并移动，即可绘制出上一步
骤设置的圆点效果，如图 9-86 所示。这一步可以根据自己的喜好进行设置与绘制，随意性
很强，主要起到装饰的目的。

图 9-86　绘制彩色圆点

④ 绘制蓝色大圆。在"彩色圆点"图层上方新建图层"蓝色大圆",设置前景色为浅蓝色（#99ccff）,选择画笔工具 ,在画笔选项栏中单击"切换到画笔面板"按钮 ,打开"画笔"面板,设置笔尖形状为 19px 尖角。

回到"蓝色大圆"图层中,按住"}"键,观察光标的变化,将画笔直径调至 200px 左右,如图 9-87 所示。

图 9-87　调整画笔直径

反复按"{"与"}"键,调整画笔直径大小的同时在图层中适当位置单击,绘制大小不一、相互遮挡的蓝色圆圈,最后效果如图 9-88 所示。

图 9-88　绘制蓝色圆圈

⑤ 绘制橙色大圆。在"蓝色大圆"图层上方新建图层"橙色大圆"，设置前景色为橙色（#ff9933），选择画笔工具 ，设置笔尖形状为 170px 尖角，在文档中单击，即绘制一个橙色圆圈，如图 9-89 所示。

图 9-89　绘制橙色圆圈

执行菜单命令【编辑】|【描边】，在对话框中设置宽度为 10px，颜色为白色，位置为居外，单击"确定"按钮，完成橙色圆圈的描边效果。使用移动工具将"橙色大圆"图层移动到文档左边留下半个圆，营造意犹未尽的出血效果，效果如图 9-90 所示。

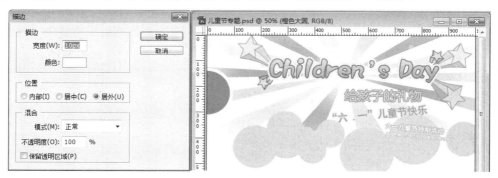

图 9-90　描边图层并移动

⑥ 绘制同心圆。在"橙色大圆"图层上方新建图层"同心圆"，设置前景色为淡粉色（#ffecd5），选择画笔工具 ，设置笔尖形状为 90px 尖角，在文档中单击，即产生一个淡粉色圆圈。单击图层面板底部的"添加图层样式"按钮 ，选择"描边"图层，添加描边样式，设置大小为 20px，位置为外部，颜色为淡粉色（#fbc98a），其他参数默认。完成效果如图 9-91 所示。

按 Ctrl+J 组合键，复制"同心圆"图层，生成"同心圆副本"图层，此时"同心圆副本"图层与"同心圆"图层完全重合。选择"同心圆"图层，按下自由变换的快捷键 Ctrl+T，出现变换定界框，再同时按下 Alt 键与 Shift 键，向外拖动定界框的一角，直到"同心圆"图层超过"同心圆副本"图层的范围，形成四圆同心的效果，按 Enter 键确定，效果如图 9-92 所示。

按住 Ctrl 键依次单击"同心圆副本"图层与"同心圆"图层的名称，即同时选中了两个图层，单击"链接图层"按钮 ，将两个图层链接在一起，便于一起移动，如图 9-93 所示。

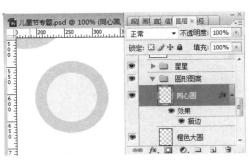

图 9-91　描边圆圈

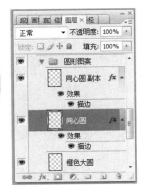

图 9-92　同心缩放

选择移动工具后，在图像中按住 Alt 键，光标从 ▶⊹ 变为 ▶▶，拖动鼠标即可复制出新图层"同心圆副本 2"与新图层"同心圆副本 3"，如图 9-94 所示。

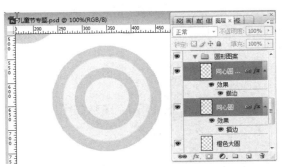

图 9-93　链接"同心圆"图层

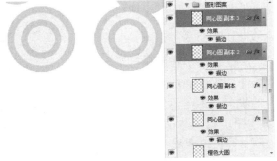

图 9-94　复制链接图层

按 Ctrl+E 组合键，合并链接"同心圆副本 2"图层与"同心圆副本 3"图层，并重命名图层为"同心圆-小"。移动"同心圆-小"图层到"同心圆"图层的下方。

按 Ctrl+T 组合键，出现变换定界框，再按住 Shift 键向内拖动定界框的一角，等比例缩小当前选中的"同心圆-小"图层，并使用自由变换时的移动按钮 ▶ 将其移动到大同心圆右下方。

同时选中所有同心圆图层，并单击"链接图层"按钮 ⊖⊖，将 3 个图层链接在一起，移动到文档左边适当位置，将橙色大圆图形与蓝色大圆图形连接起来，如图 9-95 所示。

图 9-95　调整同心圆位置

⑦ 统筹调整。适当调整"头部主图"图层组中各个图层之间的位置关系，完善细节，最终效果如图 9-96 所示。

图 9-96　头部主图完成效果

2．设计制作装饰图形

1）管理图层

选中"头部主图"图层组，执行菜单命令【图层】|【新建】|【组】，在当前图层组上方新建图层组"装饰图形"。

2）使用素材

（1）添加素材。执行菜单命令【文件】|【打开】，打开素材"腾云驾雾.jpg"。使用移动工具将"腾云驾雾"文档中的背景图层拖放到"装饰图形"图层组中，重命名该图层为"腾云驾雾"。

（2）自由变换素材。由于素材过大，此时已经充满了整个画布，执行菜单命令【编辑】|【自由变换】，或者按 Ctrl+T 组合键，出现变换定界框，在选项栏中输入横向、纵向缩放比例均为 15%，如图 9-97 所示。

图 9-97　自由变换素材

在变换定界框内右击，在弹出的右键快捷菜单中选择"水平翻转"命令，并适当调整素材在文档中的位置，按 Enter 键确定，如图 9-98 所示。

图 9-98　缩小素材

（3）修饰素材。选择魔棒工具 ，设置容差为 10，单击"腾云驾雾"中的蓝色背景，选中部分蓝色，右击，在弹出的右键快捷菜单中选择"选取相似"命令，将相同的蓝色背景全部选中，如图 9-99 所示。

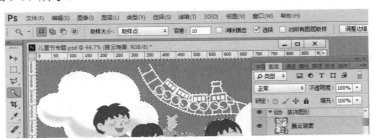

图 9-99　应用魔棒工具选择

按 Delete 键清除选区内的像素。选择多边形套索工具 ，将火车图形套住，如图 9-100 所示。起点与终点靠近时鼠标指针呈 显示，单击即可闭合形成选区，再次按 Delete 键清除选区内像素，效果如图 9-101 所示。

图 9-100　套索选择范围

图 9-101 "腾云驾雾"修饰后效果

（4）添加图层样式。执行菜单命令【图层】|【图层样式】|【投影】，参照图 9-102 所示参数为"腾云驾雾"图层添加投影样式，增强图层立体感。

图 9-102 投影样式参数设置

3）绘制会话气泡

（1）管理图层。选中"腾云驾雾"图层，执行菜单命令【图层】|【新建】|【组】，在当前图层组上方新建图层组"会话气泡"。

（2）绘制形状。使用自定义形状工具，在选项栏中选择"形状图层"，设置会话气泡形状为，灰色（R204,G204,B204），自动生成形状图层"形状 1"，如图 9-103 所示。

图 9-103　绘制形状

按 Ctrl+J 组合键，复制"形状 1"图层，生成图层"形状 1 副本"，使用方向键分别向上、向右轻移 5px。双击图层"形状 1 副本"的缩览图，为"形状 1 副本"重新取色为白色，如图 9-104 所示。

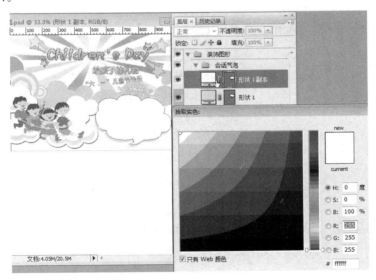

图 9-104　改变形状图层颜色

（3）添加图层样式。在"图层"面板上双击"形状 1"图层名称的空白处，在弹出的"图层样式"对话框里添加投影样式，参数设置与效果如图 9-105 所示。

在"图层"面板上双击"形状 1 副本"图层名称的空白处，在弹出的"图层样式"对话框里添加描边样式，参数设置与效果如图 9-106 所示。

（4）添加横排文字。选择横排文字工具 T，设置文本字体为宋体，大小为 22.5px，紫红色（R55,G102, B153）。在会话气泡上的适当位置输入文字"特别的爱给特别的你"，如图 9-107 所示。

选择横排文字工具 T，设置文本字体为微软雅黑，大小为 75px。在会话气泡上适当位置输入文字"经典礼品推荐"。

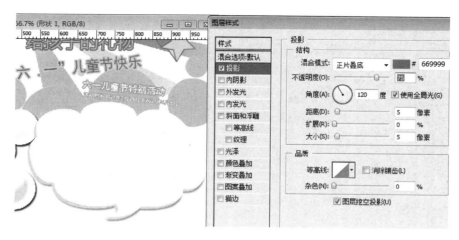

图 9-105　投影样式参数设置

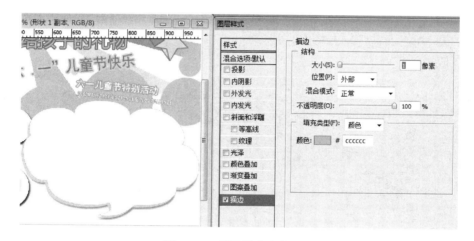

图 9-106　描边样式参数设置

图 9-107　输入文字

在"图层"面板上双击图层名称的空白处，在弹出的"图层样式"对话框里添加投影与渐变叠加样式，参数设置如图 9-108 所示。文字效果如图 9-109 所示。

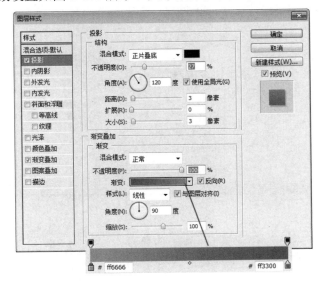

图 9-108　图层样式参数设置

图 9-109　文字效果

（5）添加变形文字。使用横排文字工具 T，输入文字，单击选项栏上【创建变形文字】按钮并设置扇形变形，具体参数设置与效果如图 9-110 所示。

（6）添加心形装饰。使用自定义形状工具，在选项栏中选择"形状图层"，设置会话气泡形状为，白色（R255,G255,B255），自动生成形状图层"形状 2"并添加描边样式，参数设置与效果如图 9-111 所示。

4）统筹调整

适当调整"装饰图形"图层组里各个图层之间的位置关系，完善细节，最终效果如图 9-112 所示。

图 9-110　变形文字

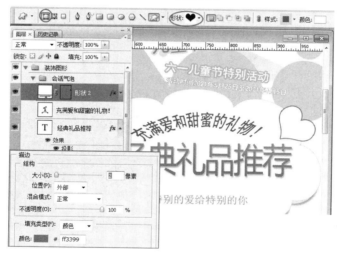

图 9-111　描边样式

图 9-112　装饰图形完成效果

3．设计制作栏目"书籍系列"

1）定义图案

（1）新建文档。按新建文档快捷键 Ctrl+N，新建文档"定义图案"，设置宽度为 15px，高度为 15px 档，分辨率为 72 像素/英寸，颜色模式为"RGB 颜色，8 位"，背景内容透明，单击"确定"按钮，如图 9-113 所示。

（2）绘制图形。执行菜单命令【视图】|【标尺】，显示标尺，使用移动工具拉出参考线，如图 9-114 所示。

选择矩形选框工具 ，在参考线之间拖出矩形选区，并使用黑色填充选区，如图 9-115 所示。然后按 Ctrl+D 组合键取消选区。

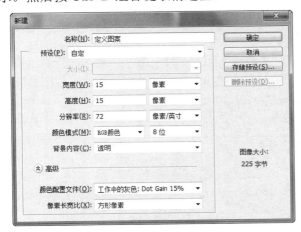

图 9-113　新建文档　　　　　　　　　　　　　　　　图 9-114　参考线

（3）定义图案。执行菜单命令【编辑】|【定义图案】，在弹出的对话框中输入图案名称抽线图案，单击"确定"按钮，将当前画布内容定义为图案，如图 9-116 所示。最后保存并关闭文档"定义图案"。

图 9-115　填充选区　　　　　　　　　　　　　　　　图 9-116　定义图案

2）制作栏目"书籍系列"

（1）管理图层。在"儿童节专题"文档中，选中"装饰图形"图层组，执行菜单命令【图层】|【新建】|【组】，新建"书籍系列"图层组。按住 Alt 键的同时单击"图层"面板底部的"创建新图层"按钮 ，在弹出的对话框中输入新图层名称栏目背景。

（2）绘制选区。选择矩形选框工具 ，在选项栏中设置样式为固定大小，宽度为 415px，高度为 320px，在"栏目背景"图层中单击，即产生固定大小的矩形选区，如图 9-117 所示。

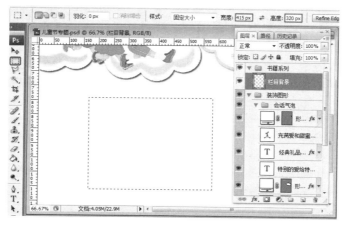

图 9-117　矩形选区

（3）平滑选区。执行菜单命令【选择】|【修改】|【平滑】，在"平滑选区"对话框中输入取样半径为 10px，单击"确定"按钮，得到平滑选区，如图 9-118 所示。

图 9-118　平滑选区

（4）填充选区。设置前景色为紫红色（#ff0066），使用 Alt+Delete 组合键填充选区，并按 Ctrl+D 组合键取消选区。

（5）填充图案。在"栏目背景"图层上方新建图层，并命名为"抽线图案"。执行菜单命令【编辑】|【填充】，在"填充"对话框中选择之前定义的"抽线图案"进行填充，单击"确定"按钮后会发现填充图案充满了整个画布，如图 9-119 所示。

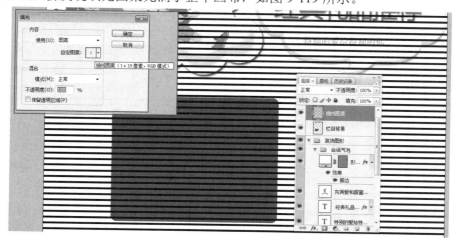

图 9-119　填充图案

按住 Ctrl 键的同时单击"抽线图案"缩览图，载入图层选区，如图 9-120 所示。设置前景色为比栏目背景中的紫红色稍浅的颜色（#f882ac），使用 Alt+Delete 组合键填充选区，并按 Ctrl+D 组合键取消选区。将抽线图案由黑色变为粉红色，细节如图 9-121 所示。

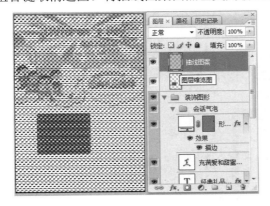

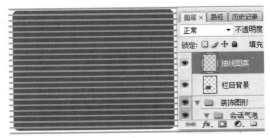

图 9-120　载入图层选区　　　　　　　　　　　图 9-121　改变抽线图案颜色

执行菜单命令【编辑】|【变换】|【旋转】，在选项栏中设置旋转角度为-50 度，其他参数默认，按 Enter 键确定，如图 9-122 所示。

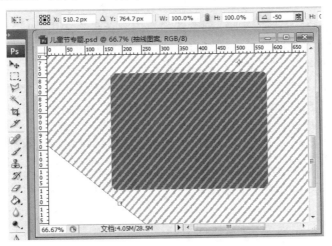

图 9-122　旋转图层

（6）创建剪贴蒙版。为了抽线图案只在紫红色的栏目背景中显示，要创建一个剪贴蒙版。将鼠标指针移动在"图层"面板上，按 Alt 键后指针变成 ，单击两个图层之间的分割线，即可创建成功，如图 9-123 所示。

图 9-123　创建剪贴蒙版

　　确保"抽线图案"图层为当前图层，按 Ctrl+E 组合键，将"抽线图案"图层向下合并到"栏目背景"图层中。

　　（7）创建内容区背景。按 Ctrl 键的同时单击"栏目背景"缩览图，载入图层选区。执行菜单命令【选择】|【修改】|【收缩】，在"收缩选区"对话框中输入收缩量为 15px，单击"确定"按钮，得到比紫红色栏目背景稍小的选区。

　　按住 Alt 键的同时单击"图层"面板底部的"创建新图层"按钮 ，在弹出的对话框中输入新图层名称为内容背景。设置前景色为白色，使用 Alt+Delete 组合键填充选区，并按 Ctrl+D 组合键取消选区。细节如图 9-124 所示。

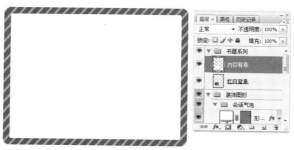

图 9-124　白色内容背景

　　（8）链接图层。为了方便移动，同时选中"内容背景"图层、"栏目背景"图层与"抽线图案"图层，单击"图层"面板底部的【链接图层】按钮 ，将 3 个图层链接在一起。

　　（9）制作标题番号。选择横排文字工具 ，设置文本字体为黑体（字体可以自由选择），大小为 60px，消除锯齿方法为锐利，样式为加粗，在内容区输入数字"01"。

　　执行菜单命令【图层】|【图层样式】|【渐变叠加】，参照图 9-125 所示参数为"01"文字图层添加渐变叠加样式。

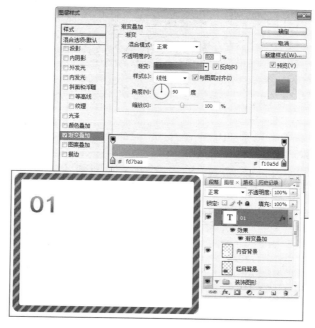

图 9-125　为"01"文字图层添加渐变叠加样式

按 Ctrl+J 组合键复制"01"文字图层,得到"01 副本"文字图层。按 Ctrl+T 组合键,在出现的变换定界框内右击,选择"垂直翻转"命令,并将"01 副本"文字图层向下轻移,使顶部对齐"01"文字图层的底部,产生镜像效果,如图 9-126 所示。适当调整好位置后,按 Enter 键确定。

图 9-126　变换制作镜像效果

在"图层"面板中,双击"01 副本"文字图层的样式按钮,在打开的"图层样式"对话框中修改渐变叠加样式,如图 9-127 所示,让"01 副本"图层看上去接近渐隐的镜像倒影效果。同时选中"01 副本"文字图层与"01"文字图层,并将它们链接在一起,效果如图 9-128 所示。

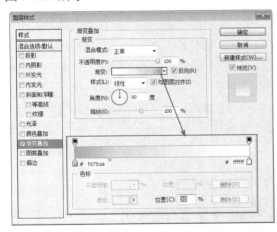

图 9-127　修改图层样式

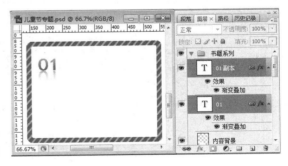

图 9-128　链接图层

(10)制作标题。新建图层"标题背景",选择圆角矩形工具 □,在选项栏中选择"形状图层",设置半径为 10px,颜色为#ff0066,与栏目背景相同,如图 9-129 所示。

使用横排文字工具 **T**,设置文本字体为黑体,大小为 28px,消除锯齿方法为锐利,样式为加粗,在内容区输入白色文字"书籍系列"。

设置文本字体为新宋体,大小为 23px,消除锯齿方法为锐利,样式为加粗,在内容区输入黑色文字"送一本好书给孩子"，效果如图 9-130 所示。

图 9-129　绘制标题背景

图 9-130　输入标题文字

（11）旋转图层组。在"图层"面板上单击"书籍系列"图层组的名称，选中图层组，按自由变换的快捷键 Ctrl+T，出现变换定界框，在选项栏中输入旋转角度为 6 度，如图 9-131 所示。

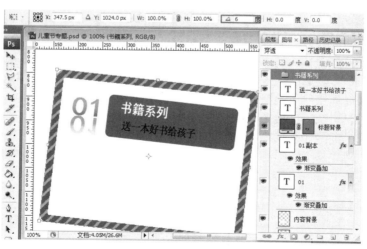

图 9-131　旋转图层组

（12）添加内容文本。使用横排文字工具 **T** 参照图 9-132 添加内容文本。

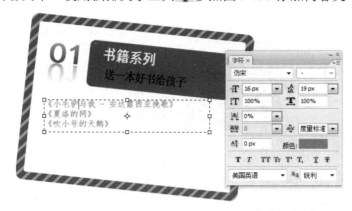

图 9-132 添加内容文本

（13）添加细节装饰。打开素材"圆角按钮""红心""礼品盒"，并分别拖放到"儿童节专题"文档中，适当调整位置与图层顺序，如图 9-133 所示。

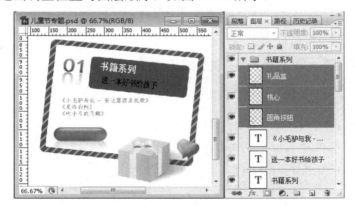

图 9-133 使用素材

复制"桃心"图层并变换位置与大小，在"圆角按钮"图层上输入文字"更多推荐"，效果如图 9-134 所示。

图 9-134 输入文字"更多推荐"

（14）统筹调整。适当调整"书籍系列"图层组中各个图层之间的位置关系，完善细节，最终效果如图 9-135 所示。

图 9-135　栏目"书籍系列"完成效果

4．设计制作栏目"服饰系列"

栏目"服饰系列"与"书籍系列"类似，不同的只是颜色和文字内容，可以在复制的副本的基础上进行修改。

1）复制图层组

选中"书籍系列"图层组，选中移动工具后按住 Alt 键，光标由 变为 ，表示启动了移动复制功能，拖动鼠标即可复制出新图层组"书籍系列副本"，如图 9-136 所示。

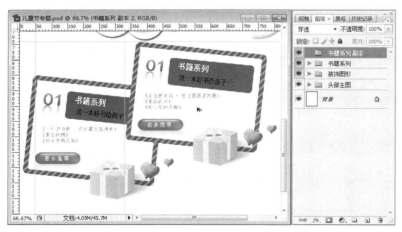

图 9-136　复制图层组

双击"图层"面板上"书籍系列副本"图层组，打开"组属性"对话框，更改名称为服饰系列，设置颜色为黄色，如图 9-137 所示。

2）修改图层组

（1）删除多余图层。同时选中"礼品盒副本"

图 9-137　"组属性"对话框

图层、"桃心副本　副本"图层、"桃心副本"图层，右击，在弹出的右键快捷菜单中选择"删除图层"命令，如图 9-138 所示。

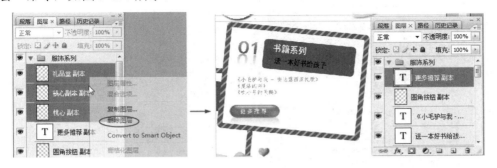

图 9-138　"删除图层"命令

（2）自由变换图层。同时选中除"栏目正文"与"圆角按钮"图层以外的图层，并将它们链接在一起，按自由变换快捷键 Ctrl+T，出现变换定界框，在选项栏中输入旋转角度为-10度，如图 9-139 所示。调整好位置后按 Enter 键确定。

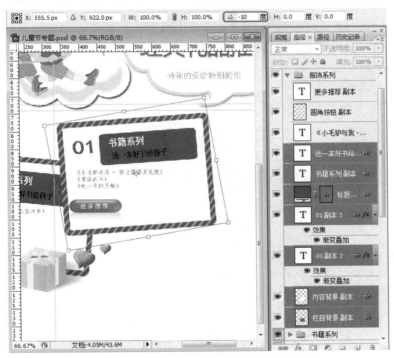

图 9-139　自由变换

（3）针对图层组调色。选中"服饰系列"图层组，更改图层组混合模式为正常。单击"图层"面板底部的"创建新的填充或调整图层"按钮，在弹出的菜单中选择"色相/饱和度"命令，如图 9-140 所示。

在"色相/饱和度"对话框中设置全图色相为+60，饱和度为+100，使"书籍系列"变成橙黄色调，如图 9-141 所示。

图 9-140 "创建新的填充或调整图层"按钮

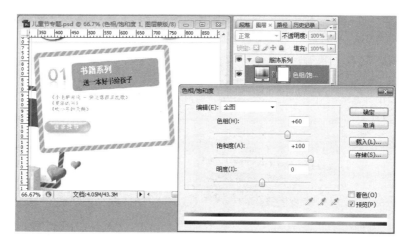

图 9-141 "色相/饱和度"对话框

小提示：

通过"调整图层"对整个图层组进行调整，可以达到快速改变色调的目的，但是，这样不能满足每个图层或每个细节都达到预期的目的，所以，可以在此基础上针对单个图层或细节再做调整。

"调整图层"只能对其下方的图层产生作用。若想只针对某个图层组做调整，可以将"调整图层"建立在图层组最上方，再将图层组的混合模式设置为正常。

（4）修改文字。使用横排文字工具 **T**，更改对应的文字，完成效果如图 9-142 所示。

（5）针对图层调色。选中"圆角按钮副本"图层，单击"图层"面板底部的【创建新的填充或调整图层】按钮，在弹出的菜单中选择"色相/饱和度"命令，在"色相/饱和度"对话框中设置全图色相为+330，饱和度为+100，明度为-15，勾选"着色"复选框。为了抽线图案只在紫红色的栏目背景中显示，要创建一个剪贴蒙版。将鼠标指针移动在"图层"面板上，按 Alt 键，指针变成 ，单击两个图层之间的分割线，即可创建成功。然后将两个图层链接在一起，如图 9-143 所示。

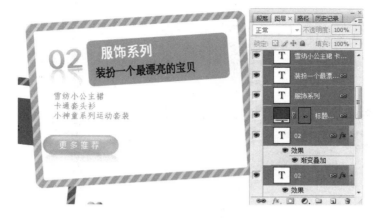

图 9-142　修改文字

图 9-143　"圆角按钮副本"图层的"调整图层"

3）统筹调整

适当调整"服饰系列"图层组中各个图层之间的位置关系，完善细节，最终效果如图 9-144 所示。

图 9-144　栏目"服饰系列"完成效果

5．设计制作栏目"玩具系列"

与栏目"书籍系列""服饰系列"的制作方法类似，根据制作"服饰系列"栏目的经验，制作栏目"玩具系列"。

1）复制、修改图层组

方法同栏目"服饰系列"，步骤略，修改后效果如图 9-145 所示。

图 9-145　复制、修改图层组

2）添加装饰图形

（1）运用糖果素材。打开素材"糖果.png"，使用移动工具将文档中的"糖果"图层拖动到文档"儿童节专题"中，如图 9-146 所示。

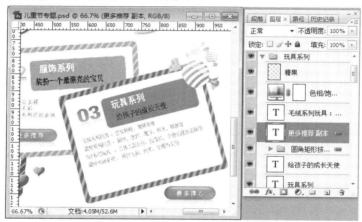

图 9-146　糖果素材

单击"图层"面板底部的"添加图层样式"按钮 **fx.**，选择"投影"样式，为"糖果"图层添加投影样式，设置不透明度为 60%，其他参数默认，如图 9-147 所示。

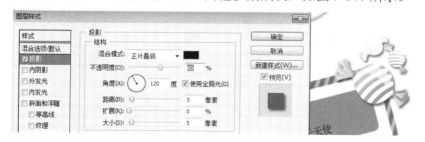

图 9-147　"糖果"图层样式参数设置

（2）运用冰激凌素材。打开"冰激凌.png"素材，使用磁性套索工具 ✏ 沿女孩外轮廓将女孩形象用封闭选区选出，如图 9-148 所示。

图 9-148　选择小女孩区域

使用移动工具将上面选中的"女孩"拖放到"儿童节专题"文档中，并重命名为"冰激凌女孩"。配合自由变换适当调整其大小与位置，效果如图 9-149 所示。

同理完成"冰激凌男孩"图层的制作，效果如图 9-150 所示。

图 9-149　冰激凌女孩　　　　　　　　　　图 9-150　冰激凌男孩

3）统筹调整

适当调整"玩具系列"图层组里各个图层之间的位置关系，完善细节，最终效果如图 9-151 所示。

6. 设计制作底部区域

1）打开并处理素材

打开素材"房屋.jpg"，使用移动工具将文档中的"糖果"图层拖动到文档"儿童节专题"中，按自由变换快捷键 Ctrl+T 组合键适当缩放比例，如图 9-152 所示，调整好后按 Enter 键。

使用矩形选框工具框选"房屋"图层上半部分，并按 Delete 键清除，效果如图 9-153 所示。按 Ctrl+D 组合键取消选区。

2）清除房顶以上区域

选择魔术橡皮擦工具，设置容差为 10px，清除房顶以上区域，效果如图 9-154 所示。

图 9-151　栏目"玩具系列"完成效果

图 9-152　缩放素材

图 9-153　清除选区

图 9-154　清除房顶以上区域

3）完善细节

统筹调整各个图层之间的位置关系，完善细节。"儿童节专题"网页界面设计最终效果如图 9-155 所示。

图 9-155　"儿童节专题"网页界面设计最终效果图

9.5　独立实践

参照界面设计流程：需求分析、功能定位、交互设计、界面设计、设计维护，独立策划设计制作自己的个人网站界面设计效果图。

9.6　本章小结

本章设计了一个卡通风格的专题网页界面，包含风格渲染、图片素材处理到装饰图形绘制等技能。后续的能力拓展中选取了一些滤镜特效和简单网页布局，全程融入了 Photoshop 处理技巧反复演练，巩固所学知识。

第10章 智能电视界面设计

10.1 智能电视界面设计概述

10.1.1 智能电视界面概述

国外的智能电视有 Netflix 等，国内有小米盒子、乐视盒子、兔子视频等，不管是盒子还是 App，都要借助首页来面向用户，因此智能电视的界面设计非常重要。智能电视也是基于系统开发，并且电视是家庭娱乐的终端，对体验的要求甚至要高于移动端。大家经常评价一台电视好不好用，这其中不仅包含画质、音质等硬件标准，还有操作中的体验，界面设计要便于用户记忆体验、分类仔细、能够精准导航。当今社会大部分家庭中使用电视频率较高的人群都是老人与儿童，所以界面设计也需要从年龄方面予以考虑。简单来说，就是电视的 UI 系统与遥控器的体验。UI 系统包含界面设计与开发系统，界面在很大程度上决定了使用电视的直观体验，开发系统主要有国内自制与安卓系统。

10.1.2 智能电视界面设计的原则

1. 设计必须考虑远距离浏览

电视和人们日常熟悉的手机、计算机的使用场景不一样，电视的屏幕并不在人们触手可及的地方，通常远在几米之外。物理层面上的远离是一方面，它同时意味着人们无法触摸，不再具备掌控感。所以，必须确保电视中的内容和控件在整个空间内都可以被清晰阅读和操作。这就意味着字体要更大，更容易操控，应避免纤细字体或有过宽、过窄笔画的字体，可以使用简单无衬线字体并选用抗锯齿功能来增加易读性。也意味着布局要更加规整，动效要更加清晰，并且更具有引导性。

2. 焦点引擎突出

智能电视界面上的操作通常由遥控器执行，由于屏幕尺寸固定，因此要求界面上必须有"焦点"，并且始终有区块是被选中的。设计时应当让被聚焦的地方看起来闪亮、变大、夸张，容易被识别。所以如果想在智能电视上创造优秀的用户体验的话，需要适应焦点引擎这个新概念，并且明白为什么会"始终保持聚焦"。

3. 配合遥控器进行界面设计

电视的操控工具就是遥控器，遥控器就像台式计算机的鼠标一样，是人与电视最核心的交互设备，要让用户的交互充分、自然地与遥控器按键结合起来，用户才会无缝、自然地熟悉和认可这个交互，最大限度地降低学习成本。遥控器必须和产品交互一起考虑和设计，从而确保交互体验的一致性。一句话，任何交互都要从遥控器的某一个键开始。

4．减少文字输入

在电视上进行文字输入无疑是低效的，用户操作起来也极其费劲。最好考虑使用其他硬件设备来进行登录、搜索等复杂的输入操作。

5．遵循智能电视色彩设计规范

（1）应谨慎使用纯白色（#ffffff）。纯白色在电视屏幕上会引起振动或图像重影，可以用 #f1f1f1 或 R240,G240,B240 来代替纯白色。

（2）避免使用明亮的白色系、红色系和橙色系，因为这些颜色在电视上显示时会发生特别严重的失真。

（3）了解不同的电视显示模式，包括标准、锐利、电影/剧场，游戏等。应确保 App 能适应这些不同的电视显示模式。

（4）避免使用大面积的色彩渐变，因为它们可能会产生色带。

（5）尝试在多台显示器上测试，特别是在低质量的显示器上测试 App 显示效果。这些设备可能有较差的伽马值（显示器的物理属性）和颜色设置，有助于找出修复的更佳颜色设置。

10.2　项目实作：智能电视界面设计

10.2.1　界面设计任务分析

智能电视界面设计

1．需求分析

为智能电视设计一套界面。设计内容包括 4 个智能电视机界面：智能电视机主界面、影视剧列表页、影视剧详情页、播放页。界面规格为 1920px×1080px（宽×高）。

2．界面设计思路

智能电视机能够让用户享受互联网高清视频和家庭应用极致体验，智能电视机顶盒不仅仅是从几寸的手机屏幕到几十寸的电视屏幕的尺寸飞跃，同样，也是家庭娱乐的未来。因为它们跟随电视机走进千家万户，给人们最震撼的新鲜体验。界面整体色彩以深蓝色为主色调，局部选中元素用高对比度的亮蓝色突出交互。

3．设计规划版式布局

主界面元素分析：导航，用于显示主要功能菜单；内容展示区，主要展示热推的电影、电视、少儿、最近播放、最近应用、我的收藏等；辅助小功能，如天气、时间、日期、通知、信号、更换主题等通常作为可选元素。为了充分展示内容，突出视频元素的布局，首先应规划界面版式布局，如图 10-1 所示。

10.2.2　学习目标

熟悉智能电视界面设计的基本流程和简单规范，熟悉并灵活使用 Photoshop 图形处理工具进行界面的设计与制作。

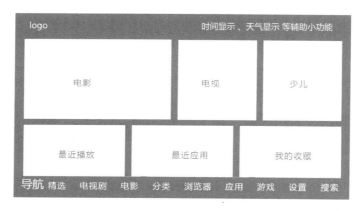

图 10-1　主界面版式布局

10.2.3　制作步骤详解

1．制作主界面

启动 Photoshop，新建一个文档，设置名称为主界面，宽度为 1920px，高度为 1080px，分辨率为 72 像素/英寸，颜色模式为"RGB 颜色，8 位"，背景内容为白色，单击"确定"按钮。

执行菜单命令【编辑】|【首选项】|【单位与标尺】，将单位都设为"像素"，如图 10-2 所示。执行菜单命令【试图】|【标尺】，显示标尺。根据原型版式布局设计图纸，确定尺寸，拉出参考线。

1）制作背景

（1）设计背景图层颜色。设置前景色为深蓝色（#0000f24），选择油漆桶工具，使用前景色填充背景图层。

配合标尺与参考线，使用矩形选框工具从画布底部往上拉出高为 95px 的通栏选区，设置前景色为比上文的蓝色略浅一点的蓝色（#001b3e），选择油漆桶工具，使用前景色填充选区，用于显示导航菜单。完成效果如图 10-3 所示。

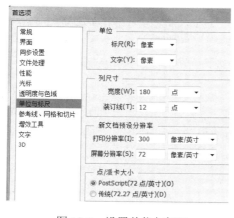

图 10-2　设置单位与标尺

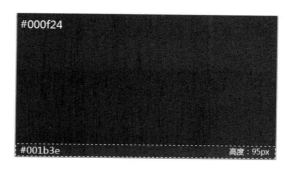

图 10-3　背景图层

（2）增添背景图层颜色细节。

① 制作底部高光。保持上述选区，新建图层"底部高光"，利用柔角画笔，按住 Shift

键，使用纯度、明度较高的湖蓝色（#0066ff）靠近选区顶部绘制直线，再使用柔角橡皮擦擦掉多余的部分，并按 Ctrl+D 组合键取消选择。效果及工具如图 10-4 所示，此刻可根据画面实际情况适当调整"底部高光"图层的不透明度。

图 10-4　利用柔角画笔与橡皮擦绘制高光

② 制作顶部高光。复制图层"底部高光"，并重命名为"顶部高光"，使用移动工具将"顶部高光"移至画布顶端，装饰顶部。

③ 制作底部高光细节。新建图层"底部高光细节"，使用矩形选框工具在"底部高光"顶端建立一个高为 2px 的通栏选区。利用柔角画笔（柔边圆，大小为 600 像素，硬度为 0%），使用比上文更浅的天蓝色（#3399ff）居中单击选区，然后取消选择，这样可使底部高光的最亮部分更亮。细节决定成败，这一两个像素的细节往往是提升设计品质的关键。主界面背景完成效果如图 10-5 所示。

图 10-5　主界面背景

2）添加头部、底部信息

（1）根据元素与画布水平居中对齐原则，使用文字工具依次在头部与底部输入对应的灰白色（#f1f1f1）文字，效果及"图层"面板如图 10-6 所示。

字体：除了 Logo（XXTV）为"7th Service"字体，其余文字均为"微软雅黑"字体。

文字大小：Logo（XXTV）为 72px，底部导航为 40px，时间（10:30）为 72px，日期（2021/09/10 星期五）为 30px，定位天气（35℃ 重庆）为 35px。

（2）设计导航文字选中交互效果。双击"图层"面板上"精选"文字图层的空白处，在弹出的"图层样式"对话框中添加并设置浅蓝色外发光样式。效果与参数设置如图 10-7 所示。

（3）设计 LOGO 文字效果。双击"图层面板"上"XXTV"文字图层的空白处，在弹出的"图层样式"对话框中添加描边、渐变叠加、外发光、投影样式。效果与参数设置如图 10-8 所示。

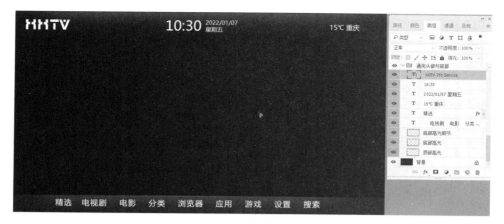

图 10-6　添加文字

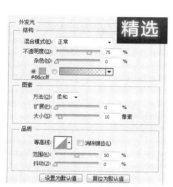

图 10-7　交互文字样式

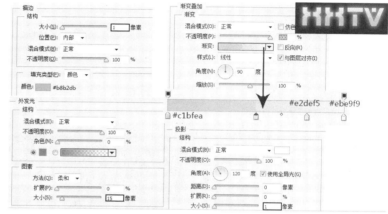

图 10-8　Logo 文字样式

（4）添加其他功能图标效果。单个小图标按钮可以通过网络资源寻找或使用形状工具进行绘制。打开"按钮.psd"素材，将天气按钮与信息按钮添加在文档顶部的合适位置。在信息按钮上方输入数字，表示界面中出现信息的状态。至此，完成了通用背景以及头部、底部的制作，效果如图 10-9 所示。

图 10-9　通用背景及头部、底部效果

3）设计制作内容展示区

（1）规划尺寸，确定模块位置与大小。内容展示区将要展示热推的电影、电视、少儿、最近播放、最近应用、我的收藏。参考图 10-10 的尺寸标识拉出参考线，并选择矩形工具绘制 5 个矩形图层作为不同内容模块的范围划分，并根据规划分别命名每个图层。

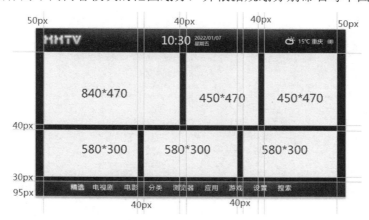

图 10-10　根据尺寸绘制内容模块

（2）为模块设置图层样式。为绘制的 5 个矩形图层添加同样的描边样式（参数：大小为 1px，位置为内部，颜色为#003399，其他默认）。

（3）使用剪贴蒙版技术为每个内容模块添加图片素材，完成效果如图 10-11 所示。在此仅以右下角"我的收藏"区域为例介绍制作步骤。选择"我的收藏"图层为当前图层，执行菜单命令【文件】|【置入】，置入素材图片"我的收藏素材图片.jpg"。再次确保相邻的两个图层"我的收藏素材"在"我的收藏"图层的上方，执行菜单命令【图层】|【创建剪贴蒙版】，也可以按 Alt 键的同时，在"图层"面板上单击图层分隔线。成功创建剪贴蒙版后，可以适当调整上面图层控制内容的展示大小与范围。

图 10-11　添加图片素材

（4）单独设计选中模块交互效果。选择"电影"区域设计选中时的交互效果，即画面中的焦点。先在该区域中间添加一个播放按钮，并适当调整图层不透明度。再选择"电影区域"

矩形图层，为之添加描边、蓝色内发光、外发光效果，图层样式设置与效果如图 10-12 所示。

小提示：界面焦点的设计

焦点要醒目，建议使用图层样式描边、外发光，放大，或配合动态效果来加强焦点视觉效果。一套界面里的焦点要尽量保持统一，同时遵循适度原则。电视屏幕上的焦点也是用户的视觉落点，有明确的焦点用户才能预知自己按下遥控器后会怎样。

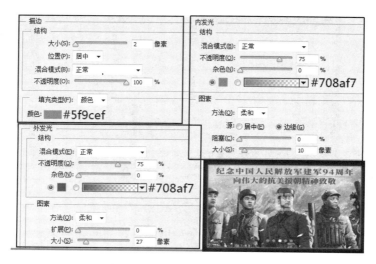

图 10-12　选中模块交互效果

（5）添加"电影""电视""少儿"区域切换按钮。使用椭圆工具绘制 5 个浅灰色（#999999）的正圆形，并为最中间的圆形设置图层样式，灰白色（#f1f1f1）的颜色叠加与蓝色外发光效果。

（6）添加文字信息。在内容模块的第 2 行的 3 个模块上方新建图层"深色遮罩"，设置图层不透明度为 50%。借助辅助线，使用矩形工具在该图层上绘制 3 个黑色矩形，便于衬托浅色文字。

输入文字"最近播放　最热应用　我的收藏"，设置字体为微软雅黑，大小为 36px，颜色为# cccccc。完成效果如图 10-13 所示。

图 10-13　带遮罩的浅色文字

4）全局调整

对完成的设计进行全局调整，根据情况对一些小细节进行微调，合理管理图层及图层组，并保存文件。主界面完成效果如图 10-14 所示。

2．制作影视剧列表页

在主界面的基础上做后续界面就相对轻松了，因为风格、色调等都随着主界面的成型而确定了下来了。

图 10-14　主界面效果

（1）在现有主界面基础上全局调整。重新打开"主界面.psd"，并另存为"影视剧列表页.psd"。删掉除通用背景及头部底部以外的所有图层，即回到图 10-9 所示的状态。注意把底部导航选中状态的文字从主界面的"精选"切换到"电影"，表示界面的切换。

（2）制作分割线。选择"顶部高光"为当前图层，按 Ctrl+J 组合键，通过复制图层得到图层"顶部高光 拷贝"，并将该图层向下移动 140px，充当若隐若现的顶部分割线，效果如图 10-15 所示。

图 10-15　顶部分割线

（3）输入二级导航文字。使用文字工具输入"全部电影 华语 喜剧 爱情 动作 惊悚 犯罪 美国 悬疑 付费专区 12/987"。单独为其中某个选中的文字（这里选择的是"全部电影"）设置与底部导航选中文字的交互效果一致的图层样式，效果如图 10-16 所示。

图 10-16　输入文字与设置样式

（4）规划尺寸，确定模块位置与大小。此步骤与主界面内容展示区相似。参考图 10-17 中的尺寸标识拉出参考线，并选择矩形工具绘制 9 个矩形图层作为不同内容模块的范围划分，根据规划分别命名每个图层，并采用主界面中内容模块相同的图层样式。

（5）使用剪贴蒙版技术为每个内容模块添加图片素材，完成效果如图 10-18 所示。

图 10-17　拉出参考线

图 10-18　添加图片素材的效果

（6）添加影片名称与左右换页按钮。使用文字工具在图片正下方输入相对应影片名称，设置为微软雅黑、28px、浅灰色（#cccccc）。使用直线工具绘制翻页按钮，完成效果如图 10-19 所示。

图 10-19　添加文字与翻页按钮

（7）全局调整。对于完成的设计进行全局调整，对一些小细节进行微调，合理管理图层及图层组并保存文件。影视剧列表页界面完成效果如图 10-20 所示。

图 10-20　影视剧列表页界面完成效果

3．制作影视剧详情页

（1）在现有界面基础上修改保存。重新打开"影视剧列表页.psd"，删除内容展示区的所有图层，留下通用背景及头部、底部图层，并另存为"影视剧详情页.psd"。注意在制作过程中养成随时保存的习惯。

（2）规划尺寸，拉出参考线。

影视剧详情页内容展示区左边以大图显示，右边以文字为主，用于展示影片详情，如图 10-21 所示。

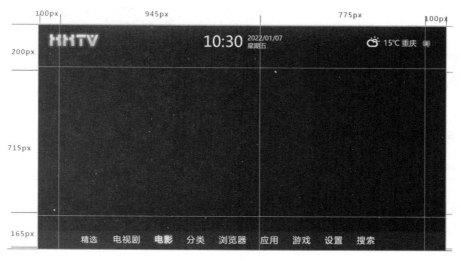

图 10-21　影视剧详情页尺寸参考线

（3）添加内容。在参考线 715px×945px 范围内添加图片素材。在图片素材右边利用文本框添加影片详情文字。设置影片标题大小为 36px，其他文字大小均为 28px，参数设置与效果如图 10-22 所示。为了突出不同内容，单独将分项小标题"评分："年份："类型："主演:""简介:"选中并设置颜色为天蓝色（#0099ff），与背景的深蓝色形成对比。打开素材图片"清晰度按钮.png"，将按钮拖放至影片文字下方。

图 10-22　影片详情文字效果

（4）全局调整。对于完成的设计进行全局调整，对一些小细节进行微调，合理管理图层及图层组并保存文件。影视剧详情页界面完成效果如图 10-23 所示。

图 10-23　影视剧详情页界面完成效果及"图层"面板

4．制作播放界面

1）新建文档

（1）新建一个文档，设置名称为"播放页"，宽度为 1920px，高度为 1080px，分辨率为 72 像素/英寸，颜色模式为"RGB 颜色，8 位"，背景内容为白色，单击"确定"按钮。

（2）按 Ctrl+R 组合键，显示标尺，规划尺寸，拉出参考线。

2）添加图片素材

打开一张影片截屏图片，并投放至"播放页"文档中，按 Ctrl+T 组合键，自由变换图片大小与位置直到适合位置。

3）制作播放状态相关功能

（1）在距离文档上边沿、右边沿 40px 的地方输入当前时间显示文字（微软雅黑、72px、灰白色（#f1f1f1）），便于观看者随时了解时间，如图 10-24 所示。

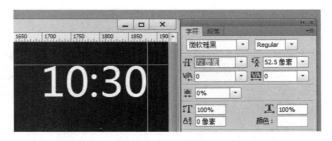

图 10-24 添加时间显示文字

（2）绘制双色播放进度条。新建图层"进度条"，使用直线工具，在选项栏中选择"像素"工具模式，设置粗细为6px，在距离文档底部110px的高度绘制一条高6px的蓝色（#14a0ff）水平直线。

利用矩形选框工具框选进度条右边部分，按 Ctrl+Shift+U 组合键执行去色命令，使选中部分的进度条呈灰色显示，表示未观看，并按 Ctrl+D 组合键取消选择，效果如图 10-25 所示。

图 10-25 绘制双色播放进度条

选择椭圆工具，按住 Shift 键绘制正圆形（23px×23px），并将其移动到进度条的双色交汇处。在进度条正下方两端对齐输入播放进度时长文字，左边显示已播放时长，右边显示总时长，如图 10-26 所示。

（3）绘制播放控制按钮。灵活选择自定义形状中的矩形、三角形形状绘制各种控制按钮，同时通过自由变换调整形状大小、位置与方向等，完成效果如图 10-27 所示。同上述方法一样，最后再利用矩形工具绘制一枚菜单按钮。

4）全局统筹并保存

再次进行全局检查、调整细节，保存文件，完成播放界面的制作，效果如图 10-28 所示。

图 10-26　输入播放进度条时长文字

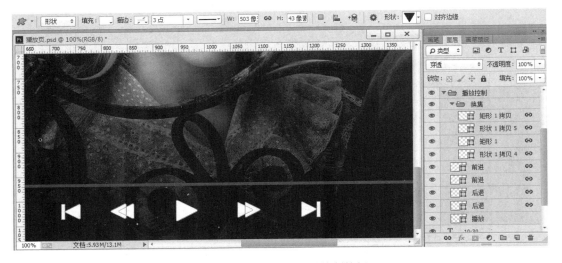

图 10-27　使用形状工具绘制按钮

图 10-28　播放界面完成效果

小提示:
去色快捷键 Ctrl+Shift+U: 将有彩色的纯度降为 0。

10.3　独立实践

挑选 2～3 款智能电视, 收集其典型界面, 尝试分析它的总体界面设计风格、思路与交互逻辑。

华为推出智慧屏倡导跨设备场景和互联的使用体验, 有可视可说的用户体验。尝试为华为 TV 设计如下 4 个页面:(1) 华为 TV 主界面 (2) 影视剧列表页 (3) 影视剧详情页 (4) 播放界面。

10.4　本章小结

本章介绍了智能电视界面设计的基本流程和简单规范, 并使用 Photoshop 完成智能电视典型界面的设计制作。

第11章　其他类型人机界面设计

11.1　人机界面设计概述

11.1.1　人机界面概述

　　HMI 是 Human Machine Interface（人机接口）的缩写，也称人机界面、用户界面或使用者界面。人机界面是系统和用户之间进行交互和信息交换的媒介，用于实现信息的内部形式与用户可以接受的形式之间的转换，凡参与人机信息交流的领域都存在着人机界面。

　　Software Interface（软件界面）设计是人机界面设计的一个分支，主要针对软件的使用界面进行交互操作逻辑、用户情感化体验、界面元素美观的整体设计，具体工作内容包括软件启动界面设计、软件框架设计、图标设计等。软件界面的定义并不十分统一。狭义上说，软件界面就是指软件中面向操作者而专门设计的、用于操作使用及反馈信息的指令部分。优秀的软件界面有简便易用、重点突出、容错高等特点。而广义上讲，软件界面就是某样事物面向外界而展示其特点及功用的组成部分。通常所说的软件界面是指狭义上的软件界面，主要包括软件启动封面、软件整体框架、软件面板、按钮、标签、图标、滚动条、菜单栏、状态属性栏等。

图 11-1　智能手表界面

　　除了常见的网页界面、手机界面、手表界面，人机界面还包括各种软件、游戏、仪器、设备等界面，如图 11-1 至图 11-5 所示。

图 11-2　城市数据可视化

图 11-3　游戏《海盗来了》主界面

图 11-4　游戏《迷你世界》加载页

图 11-5　车载中控界面

11.1.2　人机界面设计的要点

1．易用性

人机界面中的按钮名称应易懂、用词准确，需摒弃模棱两可的字眼，要与同一界面上的其他按钮易于区分，能望文知意最好。理想的情况是用户不用查阅帮助就能知道该界面的功能并进行相关的正确操作。

2．规范性

通常界面设计都可以参考 Windows 界面的规范来设计，即包含菜单栏、工具栏、工具箱、状态栏、滚动条、右键快捷菜单的标准格式，可以说，界面遵循规范化的程度越高，其易用性相应的就越好。

3．帮助设施

系统应该提供翔尽而可靠的帮助文档，在用户使用的过程中产生困惑时可以自己寻求解决方法。

4．合理性

屏幕对角线相交的位置是用户直视的地方，正上方四分之一处为易吸引用户注意力的位置，在布局设计时要注意利用这两个位置。

5．美观与协调性

界面大小应该适合美学观点，给人感觉协调舒适，能在有效的范围内吸引用户的注意力。

6．菜单位置

菜单是界面上最重要的元素，菜单位置应按照功能来组织。

7．独特性

如果一味地遵循业界的界面标准，则会丧失自己的个性，因此在框架符合以上规范的情况下，设计具有自己独特风格的界面尤为重要。尤其在商业软件流通中有着很好地潜移默化的广告效用。

8. 快捷方式的组合

在菜单及按钮中使用快捷键可以让喜欢使用键盘的用户操作得更快一些，在 Windows 及其应用软件中快捷键的使用大多是一致的。

9. 安全性考虑

在界面上必须控制出错概率，减少系统因用户人为的错误引起破坏。开发者应当尽量周全地考虑到各种可能发生的问题，使出错的可能降至最小。

如应用出现保护性错误而退出系统，这种错误最容易使用户对软件失去信心。因为这意味着用户要中断思路，并费时费力地重新登录，而且已进行的操作也会因没有保存而全部丢失。

10. 系统资源

设计优秀的软件不仅要有完备的功能，而且要尽可能地占用最低限度的资源。

11.1.3　人机界面设计的原则

人机界面设计有自适应、共鸣、美观三大原则。

1. 自适应：在每台设备上都显得自然

可根据环境进行调整，可以很好地在平板电脑、台式机、XBOX，甚至混合现实头戴显示设备上运行。此外，当用户添加更多硬件时，如增加额外的显示器时也应正常显示。

2. 共鸣：直观且强大

能了解和预测用户需求，并根据用户的行为和意图进行调整，当某个体验的行为方式符合用户的期望时，该界面就会显得很直观。

3. 美观：吸引力十足且令人沉醉

重视华丽的效果，通过融入物理世界的元素，如光线、阴影、动效、深度及纹理，增强用户体验的物理效果，让应用变得更具吸引力。

11.2　项目实作：播放器界面设计

11.2.1　界面设计任务分析

播放器界面设计

1. 需求分析

本任务要为当下主流的移动设备设计一个播放器界面。

功能定位：横条状展示，满足用户简单的播放需求。

交互设计：界面按钮有触控感。

色彩搭配：尽量采用大量无彩色与少量有彩色，形成强烈对比，增强视觉冲击力。

2. 界面设计思路

播放器界面要求布局简单，元素细节刻画精细，将会借助 Photoshop 里面多种图层样式进行打造。

3．主题类别：简约

4．设计内容

主界面的左边部分是歌曲的专辑名称及歌手等信息，右边是播放器的重要部分——歌曲信息与播放按钮、音量、音乐进度加载条等。

11.2.2　学习目标

熟悉播放器界面设计的基本思想和原则，掌握使用 Photoshop 进行界面设计的工具和技术，特别是利用图层样式打造质感的方法。

11.2.3　制作步骤详解

1．创建播放器

播放器效果图如图 11-6 所示。

图 11-6　播放器效果图

首先，新建画布，设置尺寸为 525px×215px，背景颜色为#b8b7b7。创建播放器面板，用工具栏中的矩形工具，在画布中间建立一个长方形，并设置其样式（描边、内阴影、渐变叠加、投影），做出面板的立体感和金属感。各项参数设置和效果如图 11-7 至图 11-11 所示。

图 11-7　描边样式参数设置　　　　图 11-8　内阴影样式参数设置

2．播放器专辑信息部分制作

这个部分可以分为专辑封面和光盘两部分来制作。光盘部分用椭圆工具绘制光盘的圆盘部分，然后进行样式的调整，参数设置如图 11-12 至图 11-16 所示。绘制光盘表面的纹样时，要特别注意渐变色的调整。

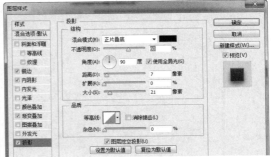

图 11-9　渐变叠加样式参数设置　　　　图 11-10　投影样式参数设置

图 11-11　播放器面板完成效果

图 11-12　描边样式参数设置　　　　图 11-13　内阴影样式参数设置

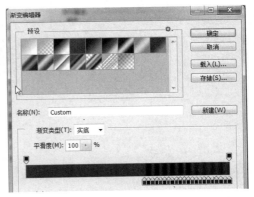

图 11-14　渐变样式参数设置　　　　图 11-15　渐变参数设置

　　完成效果如图 11-17 所示，整体呈现螺纹状图案，不仅贴合唱片的外形，而且具有丰富的层次感。

　　专辑封面部分的制作相对简单些。只需选取专辑的海报，根据需要进行大小裁切，并放在相应的位置即可。难点就在于制作唱片抽出部分的透明盒子的形状。首先用形状工具创建一个长方形，再创建一个椭圆形状，并设置属性栏状态为"减去顶层形状"，如图 11-18 和图 11-19 所示。

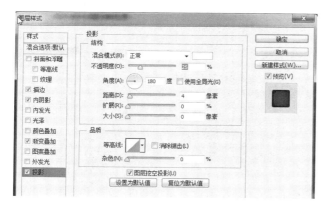

图 11-16　投影参数设置

图 11-17　光盘完成效果

图 11-18　属性栏状态设置

图 11-19　绘制形状

　　然后设置这个形状的样式参数，使其看起来与唱片结合得更好，如图 11-20 所示。

　　样式一：内发光 | 结构 | 混合模式，选择滤色，并调整滤色效果的不透明度为 27%，颜色为白色渐变。图案 | 方法，选择柔和，运用在边缘，大小为 1px。品质 | 等高线，选择　方式，范围为 50%，参数设置如图 11-21 所示。

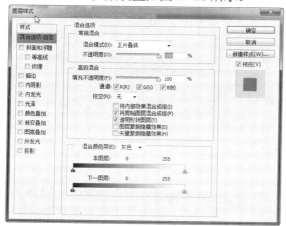

图 11-20　图层样式参数设置

图 11-21　内发光参数设置

　　样式二：渐变叠加 | 混合模式，选择变亮，并调整变亮效果的不透明度为 27%，颜色为白色到浅棕色渐变，参数设置如图 11-22 所示。

　　最后将裁切好的唱片封面放到合适的位置，并设置其样式 | 投影参数，使它们结合得更加和谐、自然，如图 11-23 和图 11-24 所示。

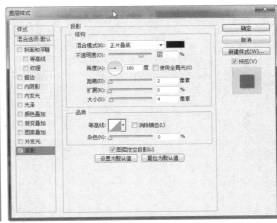

图 11-22　渐变叠加参数设置　　　　　　　　图 11-23　投影图层样式参数设置

3．播放器播放按钮部分制作

最后，制作播放器右边的播放按钮部分，效果如图 11-25 所示。这个部分，需要掌握立体按钮的制作及音乐进度加载条的制作方法。制作前，需要分析这个部分的具体组成内容——文字、3 个按钮、2 个加载条。

图 11-24　添加图片　　　　　　　　　　图 11-25　播放按钮

1）文字的编辑

这个部分相对比较简单，只需选择文字的字体、大小及颜色，再加上一点投影，最后将文字放到相应位置即可。这里就不详细介绍了。

2）音乐进度加载条的制作

用圆角矩形工具绘制一个带圆角的长方形作为进度槽。设置宽为 267px，高为 8px，填充黑色。并设置样式（制作加载条的立体效果）为描边，大小为 1px，位置为外部，混合模式为正常，颜色为黑色；内阴影的混合模式为正片叠加，黑色，不透明度为 75%，角度为 90°，勾选"使用全局光"复选框，距离为 5px，阻塞为 0%，大小为 5px。投影的混合模式为正常，白色，不透明度为 75%，角度为 90°，勾选"使用全局光"复选框，距离为 1px，扩展为 0%，大小为 1px。详细参数设置如图 11-26 至图 11-28 所示。

3）进度条的制作

用圆角矩形工具绘制带有发光效果的进度条，绘制方法同上，样式参数需重新设置。此进度条只有两种样式，分别用渐变叠加和外发光来制作它的特效。渐变叠加的模式为正常，不透明度为 100%，渐变为深棕色与橘黄色渐变，如图 11-29 和图 11-30 所示，样式为线性，勾选"与图层对齐"复选框。外发光的混合模式为颜色减淡，不透明度为 85%，颜色选择橘黄色，图案的方法为柔和，大小为 10px，如图 11-31 所示。

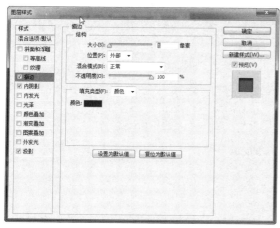

图 11-26　描边样式参数设置 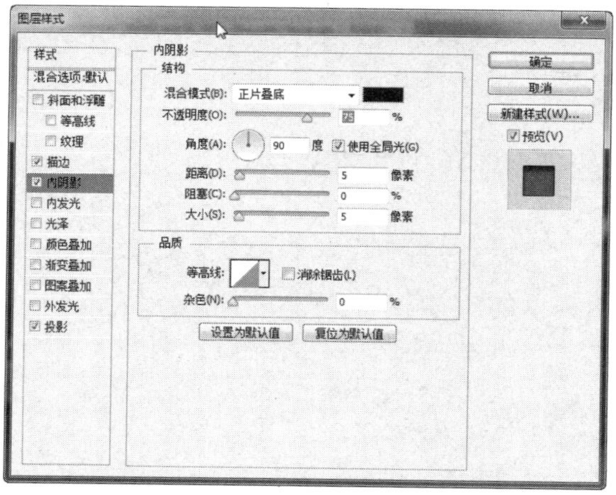　　　　图 11-27　内阴影样式参数设置

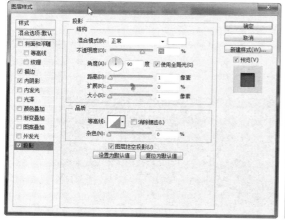

图 11-28　投影样式参数设置 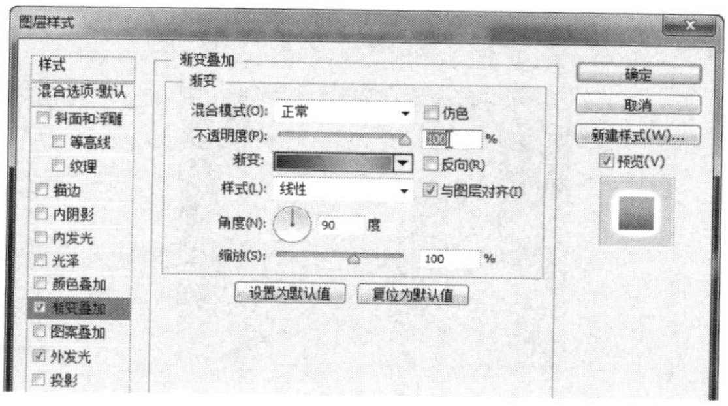　　　　图 11-29　渐变叠加参数设置

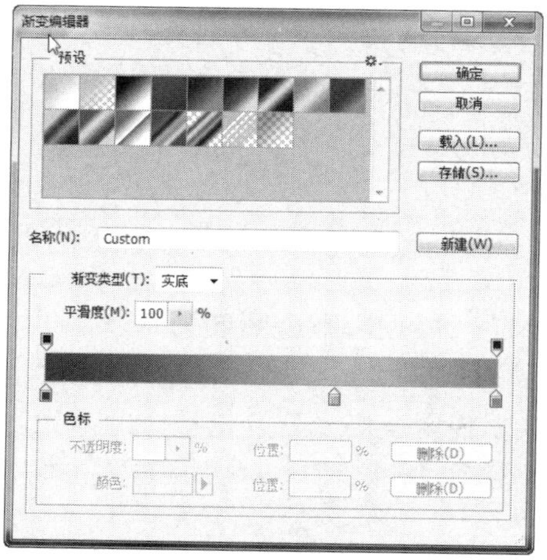

图 11-30　渐变编辑器 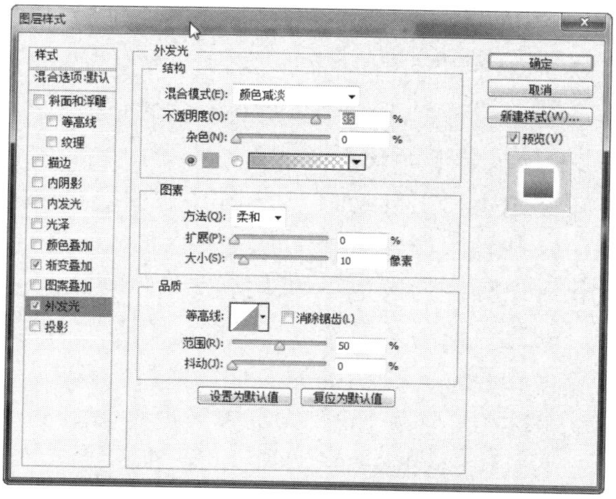　　　　图 11-31　外发光样式参数设置

4）按钮的制作

以播放按钮为例进行制作。首先是按钮部分的立体投影部分，用椭圆工具绘制一个正圆形，填充为深灰色。为了使它呈现立体效果，对其进行样式设置：描边、内阴影、渐变叠加、

外发光、投影。描边的大小为 1px，位置为内部，颜色为黑色，如图 11-32 所示。内阴影的混合模式为正片叠加，颜色为黑色，不透明度为 75%，角度为 90°，勾选"使用全局光"复选框，距离、大小都设为 5px，如图 11-33 所示。渐变叠加的混合模式为"正常，不透明度为 100%，渐变为黑色，样式为线性，勾选"与图层对齐"复选框，角度为 90°，如图 11-34 所示。

　　接下来制作另外两个按钮，方法同上，在尺寸上稍微小些，设置与按钮投影部分中心对齐，深灰与浅灰的渐变。然后设置它的样式使其立体感更强。描边的大小为 1px，位置为内部，颜色为黑色，如图 11-35 所示。

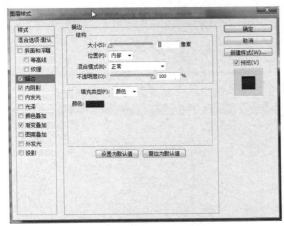

图 11-32　描边样式参数设置

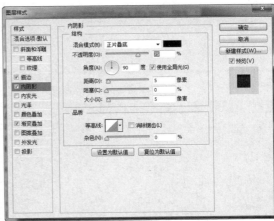

图 11-33　内阴影样式参数设置

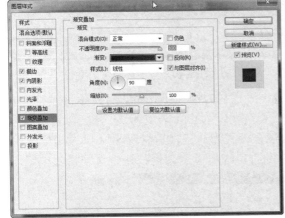

图 11-34　渐变叠加样式参数设置

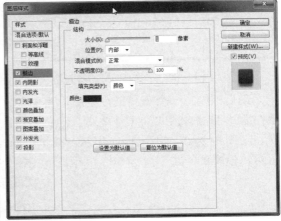

图 11-35　描边样式参数设置

　　内阴影的混合模式为正常，颜色为白色，不透明度为 19%，角度为 90°，使用全局光，距离为 2px，大小为 1px，如图 11-36 所示。渐变叠加的渐变为深灰到浅灰，样式为线性，与图层对齐，如图 11-37 所示。外发光的混合模式为正片叠底，不透明度为 75%，方法为柔和，大小为 4px，范围为 50%，如图 11-38 所示。投影的混合模式为正片叠底，颜色为黑色，不透明度为 65%，角度为 90°，使用全局光，距离为 8px，大小为 5px，如图 11-39 所示。

　　接着制作按钮部分的光泽效果。用椭圆工具绘制一个正圆形，尺寸等同于按钮的尺寸，与按钮中心对齐，设置为橘红色到透明的渐变，渐变属性设置为径向，图层模式为颜色减淡，效果如图 11-40 所示。

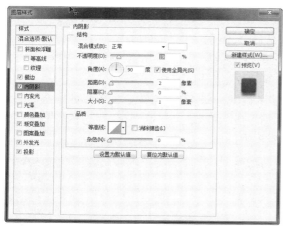

图 11-36　内阴影样式参数设置

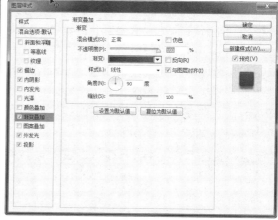

图 11-37　渐变叠加样式参数设置

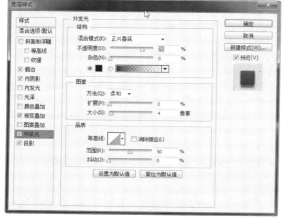

图 11-38　外发光样式参数设置

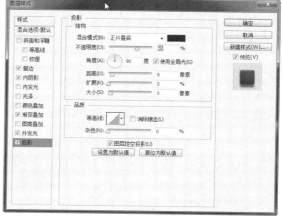

图 11-39　投影样式参数设置

最后，绘制一个三角形，放在按钮中心位置，设置它的样式使其内凹的立体感强烈。设置内阴影的混合模式为正片叠底，颜色为黑色，不透明度为 60%，角度为 90°，使用全局光，距离为 2px，如图 11-41 所示。渐变叠加的混合模式为滤色，其他设置同上，如图 11-42 所示。投影的不透明度为 50%，距离为 1px，如图 11-43 所示。其他按钮做法同播放按钮。

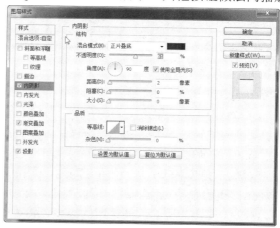

图 11-40　颜色减淡效果

图 11-41　内阴影样式参数设置

图 11-42　渐变叠加样式参数设置

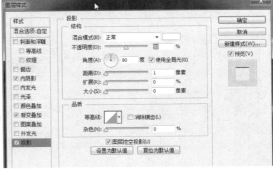

图 11-43　投影样式参数设置

11.3　独立实践

参考图 11-44 设计制作一款自己喜欢的播放器界面。

图 11-44　播放器界面参考效果图

11.4　本章小结

　　本章主要介绍一些其他类型人机界面设计的要点和原则。应用设备和场域的多样性带来了多样化的界面，但界面设计的视觉元素和用户体验规则是万变不离其宗的。界面设计都是为了功能和用户体验服务的，界面上的视觉元素背景图、图标、特效等，主要针对软件的使用界面进行交互操作逻辑、用户情感化体验、界面元素美观的整体设计。